ドの気持ちが100%わかる本

ずっと元気で長生きの秘訣

うさぎのしっぽ代表
町田修【監修】

ウサギぞっこん
倶楽部【編】

青春出版社

気持ちがわかれば、
もっと、なかよし！

フワフワの体に、長ーい耳。
見た目もしぐさも、とっても愛らしいウサギたち。
ウサギさんの気持ちに寄り添って、一緒に楽しく暮らしましょう。

毛のカラーや模様が違うように、ウサギさんの個性もさまざま。うちのコの性質や好みを理解してあげて。

個性を理解することがなかよしになる第一歩

ウサギさんとなかよくなるには、彼らの個性を知ることが欠かせません。品種や性別、さらに個体差もあり、個性はさまざま。おとなしいコもいれば、活発なコもいます。個性を理解して、つきあっていきましょう。

ホーランドロップは温厚な性質で、人に触られるのを嫌がらないコが多いようです。

好奇心旺盛で活発なコが多いネザーランドドワーフ。

お手入れしながら スキンシップタイムを

ブラッシングなどの体のお手入れは、ウサギさんとのスキンシップに最適な時間。最初は苦手なコも、繰り返し練習することで、少しずつ慣れてきます。そして毎日体にふれることで、ウサギの体調の変化にも気づきやすくなり、健康管理に役立ちます。

指先でやさしくなでなで。柔らかくフワフワのウサギさんに触れていると、飼い主さんも癒されていきます。

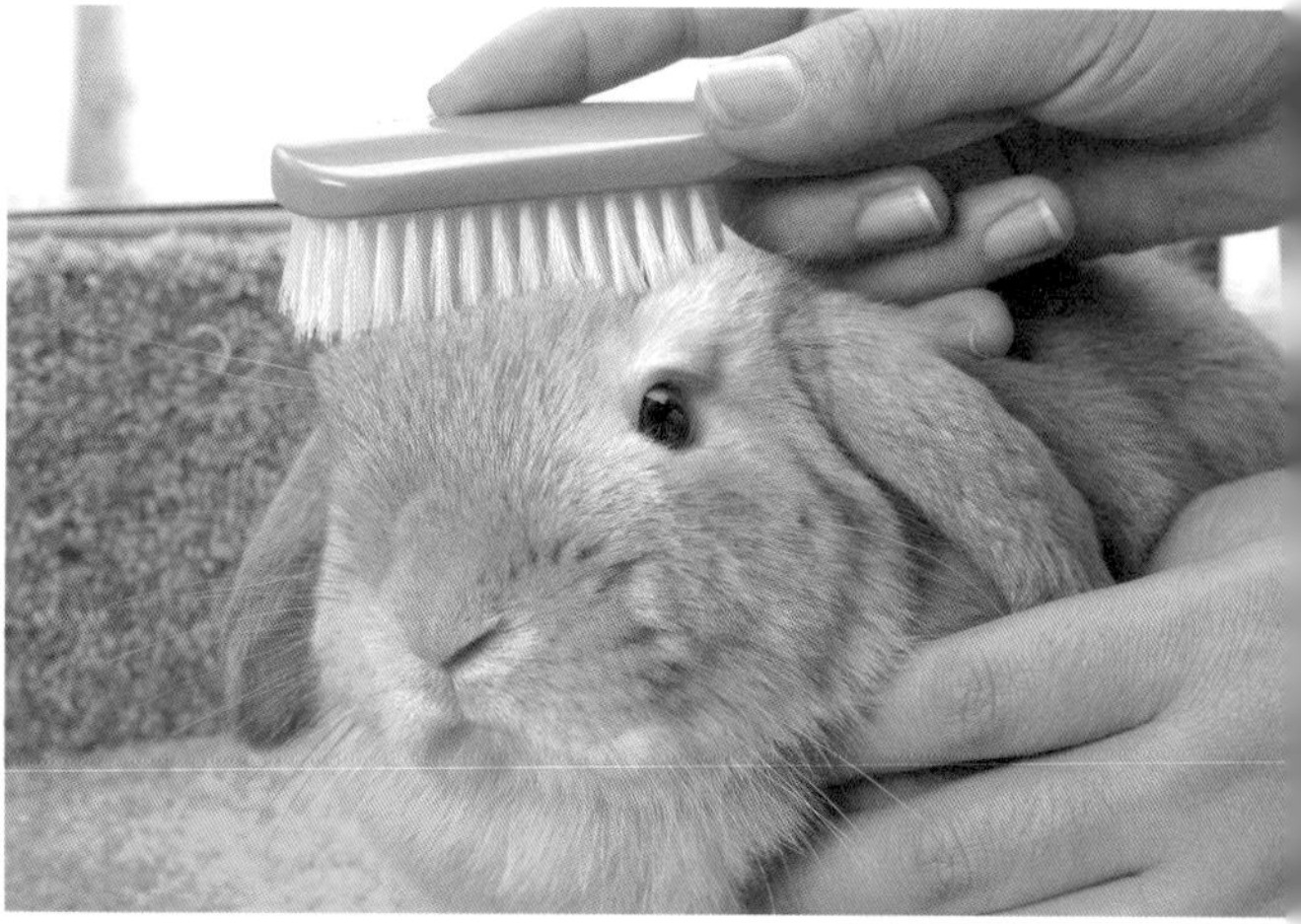

ウサギは自分でも身づくろいしますが、ブラッシングは欠かせないお手入れです。見た目が美しくなるのはもちろん、血行の促進や毛球症の予防などにも効果があります。

体のお手入れは、
毎日の習慣にしてね♪

一緒に暮らすのに大切なことは きちんと教えてあげて

抱っこやトイレのしつけは、ウサギさんと一緒に暮らすために欠かせないものです。とはいえ、あせりは禁物です。ウサギさんがわかるように、根気よく教えていきましょう。好きなおやつなどをごほうびとして、うまく活用するといいでしょう。

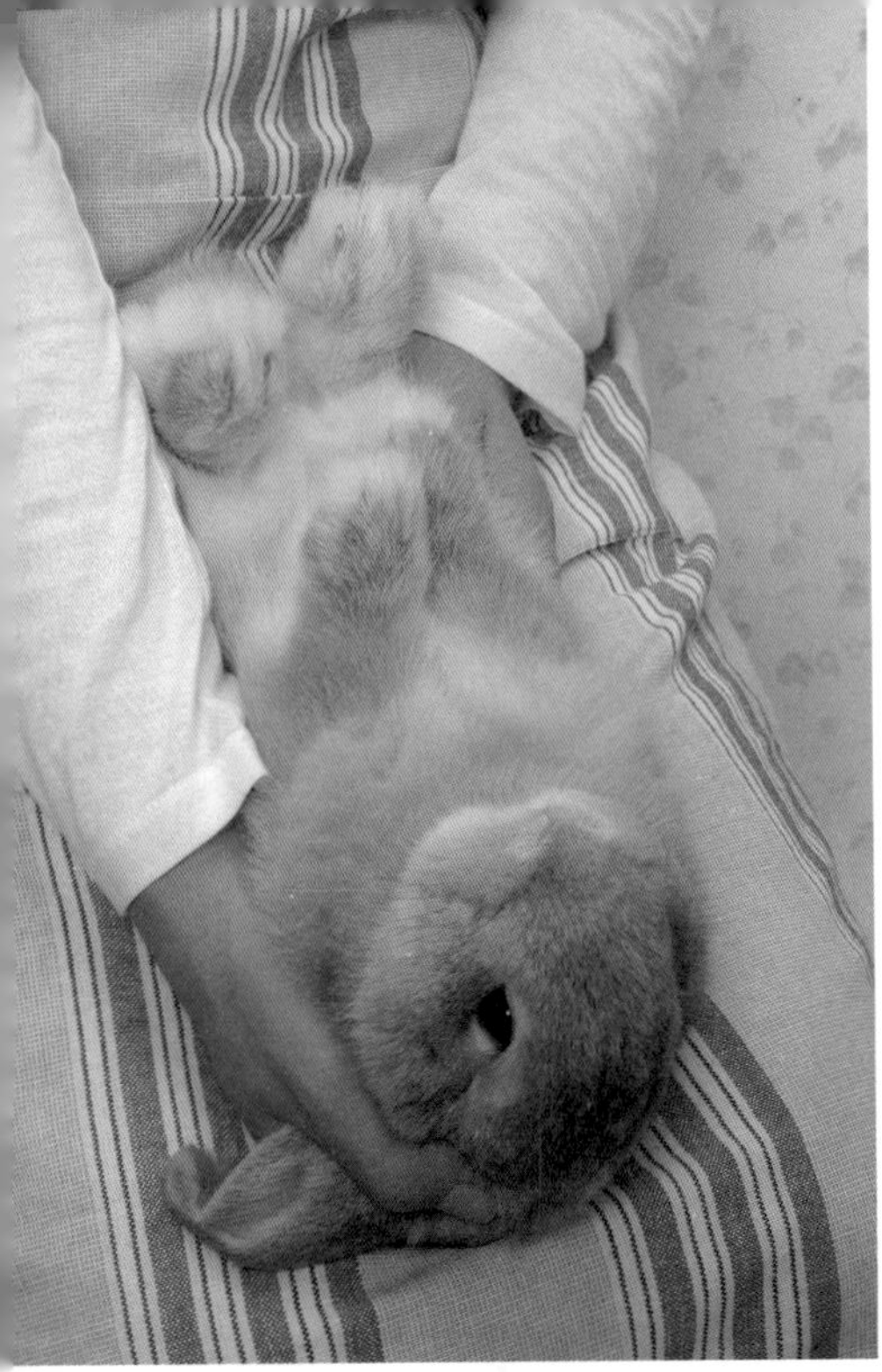

ウサギさんをひざの上で抱っこできるようになると、体のお手入れやチェックがしやすくなります。

ウサギには学習能力があるので、繰り返し教えてあげることで、飼い主さんのしてほしいことが理解できるようになります。

しつけをするときは、上手にできたら好きなおやつをごほうびとしてあげましょう。ウサギさんのモチベーションがアップします。

いたずらされたくないものは、手の届くところに置いておかないことも大切です。

バランスのよい食事で いつも元気に

ウサギさんは完全な草食動物。毎日のごはんには、たっぷりの牧草と栄養バランスのとれたペレットをあげるようにしましょう。牧草やペレットにはいろいろな種類があるので、年齢や体格に応じて選ぶのがポイントです。

牧草は歯の伸びすぎを予防し、おなかの調子を整えてくれます。毎日欠かさず食べさせてあげましょう。

おいしい野菜を、
ときどき食べさせてね♡

野菜も大好きですが、体の小さなウサギさんにはほんの少しの量でOK。食べさせすぎないように注意しましょう。

成長期の子ウサギには、完全栄養食のペレットをたっぷり与えましょう。年齢とともに、ペレットの量は控えめにしていきます。

しぐさで気持ちがわかる ボディランゲージに注目

ウサギさんと毎日接していると、表情やしぐさからだんだん気持ちがわかるようになってきます。ご機嫌なとき、緊張しているとき、リラックスしているときなど、しぐさから気持ちを察して接してあげると、もっとなかよしになれますよ。

後ろ足で立ち、周囲を見渡しているときは、何かを警戒しているのかもしれません。

不満があるときや、興奮しているときに、足を踏み鳴らすことがあります。

においをかぎながら、室内を探検中。新しい場所などでは特に鋭い嗅覚を駆使して、安全かどうかを確認します。あごの下にある臭腺から出る分泌物を自分のテリトリーにこすりつけることもあります。

かじったり、掘ったり
本能を満たす遊びでストレス解消

モノをかじったり、地面を掘ったりといった行動は、ウサギの本能的なもの。日々の遊びに上手に取り入れることで、ストレスを解消できます。ほかにも食べ物を探す「フード探し」も、脳に良い刺激を与えられます。一緒に遊んでみましょう。

木でできたキューブは、中に隠れたり、かじったりといろんな遊び方ができます。

素焼きの土管は、暑い夏はひんやりして、いい気持ち。

中に鈴が入っている牧草でできたボール。転がして音を鳴らしたり、かじって遊んだりできるので大満足。

人気のウサギ　品種カタログ

ウサギには、いろいろな品種とカラーバリエーションがあります。
お気に入りのウサギさんと出会うために、
どんなタイプがいるのかをチェックしましょう。

小柄でチャーミング、
カラーも豊富な人気者

ネザーランドドワーフ

Netherland Dwarf

オレンジ

明るいオレンジ色が基調色。目のまわりやあごの下、耳の内側、おなかや足の内側は白。目はブラウン。色のトーンには、個体差があります。

DATA

原産国	オランダ
体長	25㎝前後
体重	0.8～1.3㎏くらい
タイプ	小型種、短毛、立ち耳

小さな立ち耳と大きな目、丸い体つきが特徴です。カラーバリエーションはとても豊富です。人によく慣れて、コミュニケーションが楽しめます。好奇心旺盛で活発ですが、臆病な一面も。個体によっては、飼い主さんに慣れるまで時間がかかることがあるかもしれません。それぞれの個性やペースにあわせて、なかよしになっていきましょう。

フォーン
「フォーン」とは子鹿のこと。クリーム色がかった薄いオレンジ色の毛色です。目はブルーグレー。

ブルーシルバーマーチン
全身はほぼ濃い灰色で、おなかは白。目はブルーグレー。

チェスナット
シックな栗毛色(チェスナットブラウン)で、黒い差し毛が見えます。目はブラウン。

ブロークンオレンジ

白がベースカラーで、オレンジ色のぶちが入っています。「ブロークン」とは白地にぶちが入るカラーの呼び名です。目はブラウン。

ライラックオター

ライラックがベースカラーでおなかはクリーミーホワイト、首の後ろ側にフォーン（クリーム色がかった薄いオレンジ色の毛色）が入っています。目の色はブルーグレー。

小型から大型まで 体のサイズもいろいろ

ペットとして飼われているウサギは、アナウサギが家畜化されたのが始まりです。その後、品種改良されて、さまざまな種類が登場してきました。日本でのウサギの一般的な分類は、ARBA（アメリカン・ラビット・ブリーダーズ・アソシエーション）の基準にのっとり、50品種が公認されています（2023年1月現在）。初心者でも飼いやすいのは、体重1～2㎏の小型種。ほかに2～4㎏の中型種、それ以上の体重がある大型種もいます。

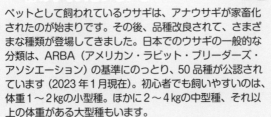

穏やかな性質なので、
初めてでも飼いやすい

ホーランド ロップ

Holland Lop

オレンジ

温かみのある色で、オレンジ色の出方には個体差があります。おなかや足先などは白っぽくなっています。目はブラウン。

DATA

原産国	オランダ
体長	35㎝前後
体重	1.3～1.8㎏くらい
タイプ	小型種、短毛、垂れ耳

ロップ系（垂れ耳）の中で最小ですが、体はガッシリした筋肉質です。多くの個体は温厚な性格で、人間の手をこわがることがなく、触られることを嫌がりません。抱っこができることも多いようです。アメリカでは、ペットセラピーでも活躍しています。抱っこやトイレのしつけなどは、ネザーランドドワーフに比べると、覚えるまで少し時間がかかります。

トータス

「トータス」とは英語でリクガメのことで、カメの甲羅のような色を表します。鼻のまわりや耳、足先やおなかは黒っぽい色のグラデーションになっています。目はブラウン。

クリーム

クリーミーベージュがベースで、やさしい色合いです。首まわりやおなかは白。目はブルーグレー。

ブロークンオレンジ

白をベースに淡いオレンジ色がぶちになっています。顔にもまだらに模様が入っています。目はブラウン。

ブロークントータス

リクガメの甲羅の色のトータスが、ぶち模様で入っています。顔は茶色っぽくなっています。目はブラウン。

柔らかな毛質で手触りがよく、
ぬいぐるみのよう

アメリカンファジーロップ

American Fuzzy Lop

DATA

原産国　アメリカ
体長　35 ㎝前後
体重　1.3 ～ 1.8 kgくらい
タイプ　小型種、長毛、垂れ耳

オレンジ
オレンジ色の濃淡には、個体差があります。この個体はやや淡いオレンジ色をしています。目はブラウン。

ホーランドロップの長毛タイプから生まれた品種で、まるでモヘアの毛糸で作ったぬいぐるみのような愛らしさ。好奇心が旺盛で、人をあまりこわがりません。ホーランドロップ同様に、飼い主さんによくなついてくれますが、ややシャイな一面もあります。

セーブルポイント
鼻のまわりや耳、足先などの色は濃いこげ茶色で、グラデーション状に色が薄くなっています。目はブラウン。

立ち耳か垂れ耳か 毛の長さや手触りも品種で違う

ウサギというと、ピンと立った耳を連想するかもしれませんが、アメリカンファジーロップやホーランドロップのように、垂れ耳のウサギもいます。また短毛種、長毛種と毛の長さにもタイプがあります。さらに毛質もウサギによってさまざまで、アメリカンファジーロップは毛糸のようにフワフワ。ミニレッキス（次ページ紹介）は、ツルっとしたビロードのような手触りです。

レッド
全身の被毛が同じ長さで高密度に生えていて、光沢があります。この個体は深みのあるオレンジ。

ビロードのような
手触りのいい毛質が魅力

ミニレッキス

Mini Rex

DATA

原産国　アメリカ
体長　30㎝前後
体重　1.5～2.0㎏くらい
タイプ　小型種、短毛、立ち耳

レッキスとドワーフ種を交配させて作られた小型のレッキスです。頭の回転がよく、飼い主さんの行動をよく観察します。触られるのが好きで、大人のウサギでは飼い主さんのひざの上で寝てしまうことも。ただしこわがりな個体もたまにいます。

オパール
青みを帯びた、つやのある色味が美しいです。おなかと目のまわり、あごの下は白っぽくなっています。

ブロークン
ぶち（ブロークン）のカラーバリエーションも豊富。模様の入り方は、個体によってさまざまです。

アイラインを描いたような目が個性的

ドワーフホト

Dwarf Hotot

DATA

原産国　ドイツ
体長　25㎝前後
体重　1.0～1.3㎏くらい
タイプ　小型種、短毛、立ち耳

好奇心が旺盛で、ネザーランドドワーフよりも臆病さがありません。気が強いところもありますが、飼い主さんにはよく慣れてくれるので飼いやすい品種です。カラーはホワイトのみ。

別名パンダウサギとも呼ばれる

ダッチ

Dutch

DATA

原産国　オランダ
体長　27㎝前後
体重　1.5～2.5㎏くらい
タイプ　小型種、短毛、立ち耳

パンダのように目のまわりと耳、体の半分が黒く、そのほかの部分は白のツートンカラーをしています。黒い部分は、ブルー、チョコレート、グレーなど7色のバリエーションがあります。

細い円筒形の体と赤い目が特徴的

ヒマラヤン

Himalayan

DATA

原産国　ヒマラヤ地方
体長　35㎝前後
体重　1.5～2.0㎏くらい
タイプ　小型種、短毛、立ち耳

体全体は真っ白で、耳、鼻まわり、足先にカラーが入っていて、目は赤色です。胴体が唯一円筒形をしている珍しいウサギです。抱っこが好きなコが多く、飼い主さんによくなつきます。

フォーン

オレンジに近い赤みを帯びた濃い黄色の毛色で、お腹としっぽの裏は薄いクリーム。目の色は、ブラウン。

世界最大のウサギ

フレミッシュジャイアント

Flemish Giant

DATA

原産国	ベルギー
体長	約 50 ㎝前後
体重	2.2 ～ 3.0 kgか、それ以上で体重の上限はない
タイプ	大型種、短毛、立ち耳

※ ARBA（P.10 参照）基準

1860 年代、ベルギー北部のフランダース地方で産出した、世界最大の品種です。その後アメリカにも輸入され、1924 年には ARBA 公認種となりました。全体的に肉付きが良く、頭部は幅があります。性格は温厚で好奇心が旺盛です。体が大きいため広い飼育スペースが必要で、お手入れも小型のウサギに比べると重労働なので、飼育の難易度は高めです。

長くて幅広い耳を持つ大型種

イングリッシュ ロップ

English Lop

DATA

原産国	イギリス
体長	40 ㎝前後
体重	4.0 ～ 5.0 kgくらい
タイプ	大型種、短毛、垂れ耳

世界一耳の長いウサギとして、ギネスブックにも掲載。穏やかで人に慣れやすいので、体は大きくても飼いやすいウサギです。ただし広いケージが必要ですし、長い耳を傷つけないように爪は伸ばさない、床材を柔らかいものにするなど、飼育に工夫が必要です。

フォーン

フォーンの中でも、やや毛色が濃い個体。もっとベージュがかっている場合もあります。

はじめに

ウサギと飼い主の絆をもっと深めるために

長い耳につぶらな瞳、フワフワの毛に覆われた丸い体。愛らしいルックスのウサギさんは、多くの人に愛されています。

ウサギさんは鳴き声をほとんどたてませんし、ケージやサークルで過ごすこともできます。そんなことからマンション住まいの方や、ひとり暮らしの方にも飼いやすく、ウサギファンは急増中です。特に昨今、おうち時間が増えたことで、動物と一緒に暮らす人は増えています。ウサギさんもその例にもれず、コンパニオンアニマルとして人気が高まっています。

でも、ウサギについて、ほとんど知識がないままお迎えすると、飼い主さんがストレスを抱えてしまうこともあるようです。

「放し飼いにしていたら、部屋の壁をボロボロにされてしまった…」
「ケージの柵をかじって、昼夜問わず、外に出たいと激しく自己主張する」
「抱っこをしようとしても、嫌がってさせてくれない」
など、困りごとを訴える飼い主さんがいらっしゃいます。

また、ウサギさんの健康を保つためには、正しい知識と飼育の方法が欠かせません。

そこで本書では、ウサギさんと飼い主さんとの暮らしをより快適で、楽しいものにするために必要な情報を盛り込みました。

ウサギさんを迎える前の準備に始まり、迎えた後は毎日どんなお世話をして、どんなごはんをあげればよいのか。このような基本的な飼育情報にプラスして、ウサギさんの気持ちを理解して、上手につきあっていくためのコツをたくさん紹介しています。

人間が一人ひとり違う個性を持つように、ウサギさんたちにもそれぞれ個性があります。それは品種による傾向もありますが、同じ親ウサギから生まれた兄弟でも、臆病なコもいれば、大胆で人懐っこいコもいます。自分のおうちに迎えるウサギさんが、どんな個性を持っているのかを理解することは、とても大切です。

●

またウサギさんにも、私たちと同様に「思春期」があります。性成熟を迎える時期には自我が強くなって、「今までのかわいいうちのコと違ってきた…」と、飼い主さんが悩むこともありますが、それはウサギさんの自然な成長の過程といえます。

ウサギは野生の世界では捕食される立場の動物で、それゆえに強い繁殖力をもっています。繁殖力が強いということは、生殖行動に結びつく「縄張りの意識」が強く、たとえ飼い主さん相手であっても、縄張りを守るために攻撃的になったりすることがあるのです。

抱っこをさせてくれなくなった、飼い主さんにかみつくようになった……といった悩みは、ウサギが思春期を迎える生後3～4カ月頃から頻繁に見られるようになるようです。

思春期を迎えたウサギさんには、安心して自分の縄張りを守れるようなライフスタイルを整えてあげることがとても大切です。そのためには、甘やかしすぎても、厳しくしすぎてもNG。「思春期に必要なしつけ」を、飼い主さんが適切にしていくことが欠かせません。

さらに最近では、ペットの動物たちの「QOL（クオリティ・オブ・ライフ＝生活の質）」を高めることが大切だと考えられるようになってきています。これはどういったことかというと、遊びを通じて体を動かし、頭を使うことで、動物たちはよりイキイキと暮らしていけるという考え方で、動物園などでは以前から重要視されてきています。

本書では、ウサギさんたちの本能を満たすさまざまな遊びを紹介しています。初めてウサギさんを迎える方はもちろん、すでに飼っている方も、さらにウサギさんとの絆を深めるために役立てていただければと思います。

かわいいウサギさんと末永くハッピーに暮らすために、本書を活用していただければ幸いです。

ウサギぞっこん倶楽部

『ウサギの気持ちが100%わかる本』　もくじ

Part 1

Part 2

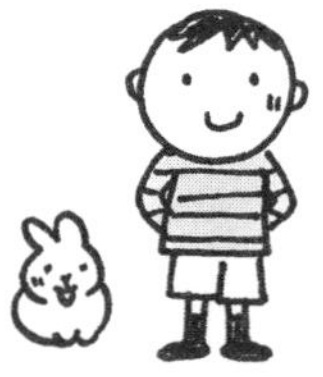

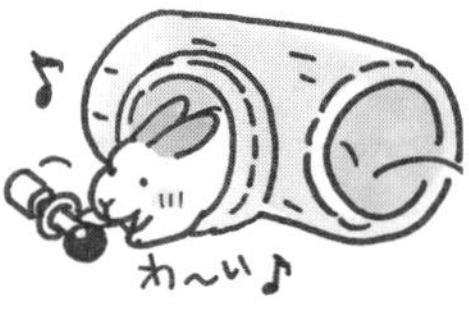

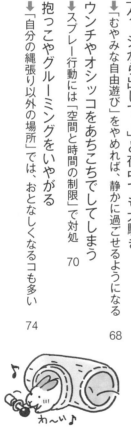

Part 4

Part 5

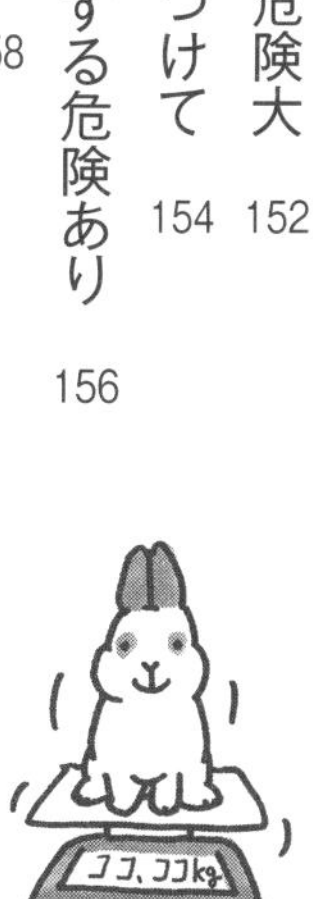

●スタッフ
写　真　　蔵並秀明（うさぎのしっぽ）　中村宣一
本文デザイン　　ハッシィ
イラスト　　池田須賀子　千原櫻子
ライター　　山崎陽子
構　成　　鈴木麻子（GARDEN）

Part 1

しっかりお迎え準備＆
ウサの性格診断

ケージやトイレ…
快適飼育グッズを準備してね！

「ウチのコは甘えん坊さん?」ウサギさんとなかよくなるための個性チェック

甘えん坊からシャイなコまで、性格は千差万別

私たち人間の性格が千差万別なように、ウサギさんたちの性格も、１匹ごとに本当に違います。

彼らの中には人なつっこいコもいれば、シャイなコもいます。これは品種や性別での違いというよりは、持って生まれたそのコの個性。例えば最初から飼い主さんのひざの上に乗ってきて甘えるコもいれば、ケージの中でじっとまわりの様子をうかがっているコもいるのです。だから、シャイで警戒心の強いコを無理矢理抱っこしようとすると、飼い主さんを怖がってしまうこともあります。

家にウサギを迎えたら、まずはじっくりウサギの様子を観察して、そのコがどんなタイプなのかを把握してあげましょう。それがなかよしになる第一歩です。

あなたのウサギさんはどのタイプ？

ウサギにはいろいろな性格のコがいますが、大まかに次の3つに分類できます（詳しくは31ページ参照）。

まずは、自分から飼い主さんのところにやって来るのがちょっと苦手な**「恥ずかしがり屋さん」**。慣れるのに時間はかかりますが、いったん飼い主さんと信頼関係ができれば、いい関係が築けるタイプです。

次に、すきあらば自分がリーダーになろうと狙っている元気者の**「自由奔放さん」**。赤ちゃんのうちは天真爛漫でとてもかわいいのですが、思春期を迎える3～4カ月くらいになると、次第に「自分が上だ」とアピールするような行動が見られるようになります。オシッコをトイレ以外の場所でしたり、飼い主さんのいうことを聞かなくなったりするので、特に思春期にはしっかりしつけをする必要があります。しつけを怠《おこた》ると、わがままなコになってしまいます。

そして飼い主さんが近くにいないと不安な**「甘えん坊さん」**。人の姿が見えなくなると、ケージをカタカタ鳴らして、飼い主さんを呼びます。「このコを守ってあげたい！」と母性本能をくすぐられる飼い主さんも多いことでしょう。でもあまり甘やかしてばかりだと、ひとりで留守番ができないコになる可能性もあり、対応に注意が必要です。

タイプ別の性質を知り、つきあい方のコツをマスターして

人間の子育てでもそうですが、子ウサギとのつきあいは、それぞれのコの性質を理解してあげることがいちばん大切です。そして、そのコに合った接し方をして、必要なしつけをしていくことが、飼い主さんとよい関係を作るために欠かせません。

こういった性質は生まれながらの要素も強いのですが、ウサギさんの生まれ育った環境もかなり影響を及ぼしています。

以前は「母ウサギが不安になるから、生まれたばかりのウサギは人間が触らないほうがいい」といわれていました。でも、熟練したブリーダーの場合、生まれて目が開いていない頃から、あえて手で触ることがあります。母ウサギとブリーダーの信頼関係があれば、触っても大丈夫なのです。小さい頃から人間と触れ合っていると、ウサギも人に慣れやすくなるといいます。母親ウサギが人間を信頼していれば、子ウサギも人に触られることを怖がらなくなります。

このように赤ちゃん時代から人と触れ合っているコは、わりと人見知りしない性格に自然となり、育てやすいことが多いようです。

母親ウサギの性質や、そのコが生まれてからあなたの手元にやってくるまでの生育環境を知ることも、ウサギさんの性質を理解する大きなヒントになることでしょう。

ウサギさんの典型的な３タイプ

自分からはあまり寄ってこない「恥ずかしがり屋さん」

飼い主さんが呼びかけてもすぐには寄ってこないで、じっと様子を見ているタイプ。
◎**つきあい方のコツ**：最初は警戒心が強いけれど、少しずつ慣らしていけば、飼い主さんとなかよしになれます。あせらず、徐々に親しくなるようにしましょう。

リーダーになりたいと心の中で思っている「自由奔放さん」

飼い主さんにすぐにじゃれついてきたり、ケージから出すと自由に遊びまわる元気者。成長とともに、飼い主さんのいうことを聞かなくなり、自分がリーダーになろうとすることがあります。男のコによく見られます。
◎**つきあい方のコツ**：あまり自由奔放に過ごさせていると、「自分がリーダーだ！」と勘違いしてしまいます。しつけはしっかりしましょう。

飼い主さんが近くにいないと寂しがる「甘えん坊さん」

ひとりぼっちにされるとケージをカタカタ鳴らし、飼い主さんが来るのを待つ……。そんな姿をかわいいと思う飼い主さんも多いでしょうが、留守番ができないコになる可能性が。
◎**つきあい方のコツ**：いつでも飼い主さんが相手をしてあげられるわけではありません。かまってあげられないときは、おとなしくしていられるようにしつけをしましょう。

人との信頼関係をゆっくり築いていこう

「ウサギを家に迎えたら、抱っこしてナデナデして、うーんとかわいがってあげるんだ！」そんな意気込みの飼い主さんは多いでしょう。でも、臆病なコは、新しいおうちに来てすぐはとても不安な状態に。体に触られるのも、怖いと思ってしまうことがあります。

ウサギは自然界では捕食される立場の動物。だから、自分より大きな生物にいきなり触られたり、無理矢理抱っこされたりすることは、本能的に怖くて当然です。

ウサギさんをおうちに連れてきたら、まずはウサギと飼い主の距離を少しずつ縮めるための「ルール作り」をしましょう。

ルール① まずはやさしく、名前を呼んであげよう

ウサギさんを連れて帰ってきたら、まずは「そのコのおうち＝ケージ」に入れて、様子を見ます。来たばかりの日はケージから出さないほうが落ちつけるでしょう。のぞきこんだり、声をかけるのは最小限に。少し慣れてきたら、やさしく名前を呼んであげましょう。

ウサギさんが名前を呼ばれて飼い主さんのほうに近寄って来たら「ラビちゃん、よく来たね！」とほめながら、おやつをあげてみて。「名前を呼ばれること＝楽しいこと」とウサギさんは感じて、飼い主さんの呼びかけに応えてくれるようになっていくことでしょう。

ルール①
名前を呼んであげよう
ラビちゃん
お外に出ようね
ルール②
ケージから出すときは飼い主さんが出す
ルール③
体に触れるときは必ず声をかけてから
ラビちゃん触るよ～
いいよ！

ルール② ケージから出すときは、飼い主さんが出す

数日たって新しい環境に慣れてきたら、ケージから出しても大丈夫です。ウサギさんが自分で出るのではなく、最初は必ず飼い主さんが出すようにしましょう。まずは「ピョン太、お外に出ようね」などと声をかけて、ウサギをケージから出します。そしていったんひざの上に乗せて、落ち着かせてからひざからおろしてあげます。

こうすることで「勝手にケージから出ることはできない」と、ウサギさんが覚えてくれます。

ルール③ 体に触れるときは、必ず声をかけてから

ケージの中に手を入れるとき、ウサギさんの体に触れるときは、必ず「ラビちゃん、触るよ」とひと声かけてからにしましょう。いきなり触られると、ウサギさんはびっくりしてしまいます。また、おしりやおなかはむやみに触らないで。ウサギさんが触られるのが苦手な場所です。逆に頭や背中は、触られて気持ちいい場所です。

ウサ飼いの必須科目、「抱っこ」をマスターしてね

抱っこのしつけは「あせらず、あきらめず」

ウサギと暮らす人に、ぜひマスターしてほしいのが「抱っこ」です。上手に抱っこができると、キャリーケースへの移動や、ブラッシングなどの体のお手入れや健康チェックもラクラクできます。また万一病気になって獣医さんに診てもらうときも、スムーズです。

ところが中には、いくら熱心に練習しても、なかなか抱っこをさせてくれないコもいるのです。「このままずっと抱っこできないかも……」と、落ち込んでいる飼い主さんの声もよく聞きます。でも、あきらめないで。練習を続けているうちに抱っこが大好きになるコだって、たくさんいるんですから。

骨がきゃしゃなウサギさんは、乱暴に扱うと骨折することもあります。だからといって、飼い主さんが恐怖心を持ってしまうのはよくありません。おっかなびっくりやっていたので

前足のチェック
体に密着させて
おしりや足を
しっかり支える
健康チェックや
お手入れも
安心
床に座って
練習

は、ウサギさんも不安になってしまいます。

ごほうびのおやつをうまく活用して

抱っこの練習には、「抱っこされるといいことがある」と、条件づけて教えてあげるのが効果的です。上手にひざの上に乗れたら、ほめながら好物のおやつを与えます。繰り返すうちに「抱っこ＝楽しいこと」と思うようになり、いやがらなくなりますよ。

練習するときは、ウサギが高い場所から跳び降りるとケガをするかもしれません。低めの椅子か、床に直接座って練習しましょう。

そして何より大事なのは、飼い主さんが落ち着いて練習を行うこと。深呼吸をするなどしてリラックスしてやってみましょう。またウサギの負担にならないように、練習は短時間にしましょう。途中、休憩を入れてもいいですよ。

「ひざの上抱っこ」、「あお向け抱っこ」ができれば、100点満点！

コツは「縄張り以外の場所」で練習すること

まずは飼い主さんのひざの上にウサギさんを抱き上げる「ひざの上抱っこ」の練習から始めましょう。慣れるまではウサギさんが急に暴れて飼い主さんを引っかいたりすることもあるので、エプロンを着けることをおすすめします。また腕を保護するために、長袖を着るか、手首に長めのサポーターをはめておくと安心です。

ウサギさんは条件付けが得意なので「エプロンとサポーターを飼い主さんがしたら、抱っこの練習だ」と毎日練習しているうちに覚えてくれます。

練習する場所は「ウサギが普段遊びまわっている場所以外」にするのが、成功のポイント。ウサギは自分の「縄張り」だと思う場所で抱っこされそうになると、興奮してしまうことが多いもの。縄張り以外の場所だと、意外とおとなしく抱っこされることがあるのです。

まずはマスターしたい — ひざの上抱っこ

最初に練習したいのが、飼い主さんのひざの上に乗せる「ひざの上抱っこ」。ウサギがリラックスして、機嫌がいいときにタイミングを見計らって練習してみましょう。

① 声をかけてから、体の下に手を置く

抱っこの練習は、床や低い椅子など安定感のある場所に飼い主さんが座って行います。まずは「ラビちゃん、抱っこするよ」とやさしく声をかけてから、ウサギの体の下に静かに手を置きます。

② おしりの下に手を入れ、持ち上げる

次にもう一方の手をおしりに当て、しっかりウサギの体を支えます。そして胸やおなかを圧迫しないように、おしりをすくい上げるようにして持ち上げます。

③ ひざの上に抱き上げる

すくい上げたウサギを、落とさないように注意しながらひざの上に移動させます。顔は飼い主さんの体に向けて。こうすると視界がさえぎられるので、逃げ出しません。上手にできたら、やさしくなでながら、いっぱいほめてあげましょう。

慣れてきたら「あお向け抱っこ」もマスターして

ひざの上抱っこに慣れてきたら、今度は体のチェックをするときに役立つ「あお向け抱っこ」に、トライしてみましょう。

あお向け抱っこは、ひざの上抱っこをした状態から、ウサギのおしりをすくい上げ、ゆっくりあお向けに倒して行います。あごが完全に上を向いてしまうと、ウサギはおとなしくなるので、この体勢で歯やあご、おなか、おしりなどをチェックすることができます。

向きを横にするときは、耳を固定して頭が動かないようにすると、ウサギが自分で体の向きを変えられないので安全です。最後にウサギの体重を支える手を持ち替え、利き手を離します。ここまでできれば、体のすべての部分がチェックできます。

ただその日の気分でウサギが暴れたり、いやがったりすることはあるものです。そんなときは、すぐにウサギさんを離さないようにしてください。暴れたらウサギの頭を飼い主さんのわきの下に挟み、落ち着かせましょう。「暴れれば自由になれる」とウサギが一度思ってしまうと、抱っこのしつけがしにくくなってしまいます。

なお心臓に疾患があるウサギさんには、あお向け抱っこはしないようにしましょう。心臓に負担がかかり、体調を崩してしまう危険があります。

体のチェックに欠かせない —あお向け抱っこ

毎日のグルーミングや体のチェックをするのに、あお向け抱っこは欠かせません。最初はうまくできないかもしれませんが、繰り返し、根気強くトライしてみましょう。

①片手を体の下に入れ、もう一方でおしりを支える

ひざの上抱っこをした状態から、右手（左利きの人は左手）をおなか、反対の手をおしりの下に入れて支えます。

②おしりをすくって持ち上げ、胸の位置で抱き上げる

おしりをすくい上げるようにして持ち上げ、自分の胸の位置までもってきます。ウサギさんの背中が丸くなるように、ある程度力を入れて持ちます。

③ゆっくりあお向けに倒す

ウサギの背中を支えて飼い主さんも一緒に体を前に倒しながら、あお向けにします。

④ひざの上に下ろす

あごが完全に上を向くとウサギはおとなしくなります。このまま体を横に向けてお尻をわきにはさみ、歯やあご、おなかなどをチェックします。

⑤わきに顔を入れる

横向きのまま、頭をわきの下に入れてしまうと、ウサギはおとなしくなります。この状態から、おなか側のブラッシングや後ろ肢の爪切りが始められます。

ほめられるときに名前も呼ばれると、ウサはこんなにうれしい！

自分の名前や飼い主さんの顔は覚えてくれる

「名前を呼んでもこっちを向いてくれない」「うちのコは、私の顔を覚えているのかな？」

ウサギと暮らし始めて、こんな不安や疑問を感じる人もいるかもしれませんね。たしかに、犬や猫に比べると、彼らのリアクションは今ひとつわかりにくいかもしれません。

でも、たいていのコが飼い主さんの顔を覚えていますし、自分の名前を覚えることができます。ただし個体差があるので、あるコは小さいうちから名前を呼ぶだけで走ってくるけれど、別のコは知らんぷりをしている……。そんなこともあるでしょう。

また、「呼んでも振り返らない」ことについては、ウサギの目の構造を考える必要がありそうです。彼らの視界は実に広く、ほぼ360度を見渡せます。つまり、「顔をこちらに向けなくても、呼ばれた方向を見ている」、ということも十分考えられるのです。

ほめるときは名前を呼び、叱るときは呼ばないようにして

ウサギに名前を覚えさせるには、日頃からそのコの名前を呼んであげることが大切です。フードをあげるときに「ピョンちゃん、ごはんですよ～」と呼びかけてあげたり、体のお手入れをするときに「ラビちゃん、爪切りするからいいコにしててね」などと語りかけてあげることで、ウサギは安心できます。

またトイレのしつけがうまくいったときなど、ウサギをほめてあげるときは「ピョン太くん、おりこうにできたね～」などと呼びかけてあげて。ウサギは「自分の名前＝気持ちのいいこと」と思うようになり、名前を呼ばれるのが好きになります。そして、ほめてほしいと思って、呼ばれたら飼い主さんのもとへ自分からやって来るようになっていきます。

逆に叱るときに名前を呼ぶと、ウサギは「名前を呼ばれる＝いやなこと」と思い込み、名前を呼ばれても来ないようになってしまうこともあります。

叱るときには名前を呼ばず、「ダメ！」と短いフレーズで、厳しい口調で注意しましょう。「かんじゃダメ」「いたずらしちゃダメ」などとフレーズを長くせず、「ダメ！」のひと言で統一したほうが、ウサギにはよく通じます。経験を積むうちにウサギさんは、飼い主さんの言葉の調子で「怒られているんだ」とわかるようになりますよ。

ウサギの気持ちが200％わかる「ウサギ語」講座

「鳴かない」ウサギも、いろんな声を発している

ウサギは犬や猫のように鳴かないので、一見おとなしく見えます。鳴き声を出さないことから、集合住宅などでも騒音を気にせず飼えるというメリットもありますが、注意深く聞いてみると、声を出していることも少なくありません。個体差はありますが、彼らもいろんな「ウサギ語」を発しているのです。

よく「ブウブウ」といっているウサギがいますが、これは興奮しているときに出る鳴き声。とても楽しい気持ちを表現している場合もありますし、逆に邪魔者を威嚇しようとしている場合もあります。

また機嫌がいいときや飼い主さんに甘えたい気分のときは「プープー」といったりもします。激しく怒ったり、苦痛を訴えるときは「キーキー」ともいうようです。

鳴き声でウサギさんの気分を察してあげよう
プゥプゥ〜
遊んでよ〜
キーッ
怒ったぞ！

ウサギの鳴き声はそれ自体よりも、その声を発する前後の行動などをよく観察すると、大体何を伝えたいのかがわかってくるものです。注意して様子を見てみましょう。

機嫌の良し悪しは表情でわかる

「目は口ほどにものをいう」といいますが、これはウサギたちにも当てはまると思います。楽しく遊んでいるときは、目をパッチリ開けて、瞳がキラキラしています。

のんびりしているときは、まぶたが少し下がって、落ち着いた表情に。なでられているときは、いかにも気持ちよさそうに目を細めています。

このほか、おなかがすいたとき、眠くなったときなど……。表情からウサギの気持ちがくみ取れるようになるといいですね。

ウサギはボディランゲージも豊か

鳴き声や表情に加えて「しぐさで表す気持ち」もわかるようになると、コミュニケーションはさらに親密になっていきます。

●しっぽをフリフリ⬇ご機嫌なとき

犬と同じでしっぽを振るのは機嫌がいいとき。好きな食べ物をもらったりすると、この動作をするコもいます。

●垂直にジャンプ⬇気分がいいとき

その場で思いっきりジャンプするときは、楽しかったり、うれしかったりして、気分がいいとき。左右にジャンプをしたり、体をねじったりすることもあります。

●鼻でツンツン⬇飼い主さんにかまってほしいとき

退屈していて遊んでほしいときなどに、この行動をするコがいます。飼い主さんの足のまわりをグルグル回ることも。

●人間の指や手をペロペロ⬇甘えたいとき

なでてほしいときや、甘えたいときに、飼い主さんの手をな

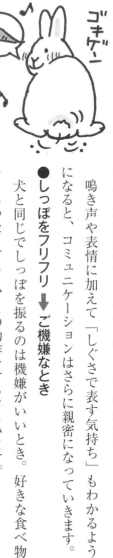

めるコは多いようです。

●床にゴロンと寝転がる⬇リラックスしているとき

おなかを地面につけて寝そべるのは、リラックスしている証拠。あお向けになって寝てしまうコも中にはいます。

●後ろ足をダンダン鳴らす⬇不満があるとき

野生のウサギは仲間に危険を知らせるとき、後ろ足で地面を強く叩く「スタンピング」という行動をとります。ペットのウサギは不満があるときや、相手を威嚇するときなどにこの行動をすることがあります。

●耳をピンと立てる⬇警戒しているとき

ウサギは危険が近づくと、敏感に周囲の状況を察知するために、耳をピンと立てます。

●耳を後ろに倒し気味にし、毛を逆立てる⬇攻撃的な気分

飼い主さんが触ろうとしたときに、耳を後ろに倒し気味にしていたり、毛を逆立てたり、体を引いているときは、攻撃的な気分のサイン。かみつかれることもあるので、注意して。

落ち着いて暮らせるように、ケージはこんな感じでお願いです

ウサギはひとりぼっちでも寂しくない

「昼間留守がちだから、ひとりぼっちでお留守番させておくのはかわいそう」「ウサギは寂しいと死んじゃうって聞いたけど、仲間がいたほうが気持ちも安定するのでは?」

よく、こんなふうにいう人がいます。

でも、ウサギが「寂しいと死ぬ」というのはまったくのウソですし、安心してくつろげるケージに入っていれば、ひとりでお留守番することは苦になりません。

縄張り意識の強いウサギは、むしろ複数で一緒に生活することのほうが不得手です。男のコどうしなら激しくケンカすることがありますし、女のコと男のコだと妊娠してしまう可能性も高いもの。ウサギを飼うなら、「ひとりでゆっくりくつろげるケージ」を用意してあげましょう。（ケージの選び方は49ページ参照）

広すぎるケージは、かえって落ち着かない

「うちのコは、なるべく広い空間で自由に過ごさせてあげたいな」と考える人も多いはず。でも意外なことに、彼らにとって広すぎる空間はストレスの元になることがあるのです。

ペットのウサギのルーツは、「ヨーロッパアナウサギ」という野生のウサギ。飼育目的に合わせてこのウサギに品種改良を重ねてきたのが、今いる多彩な品種のウサギたちです。

野生のアナウサギは森や草原、畑などの地下に「ワーレン」と呼ばれる巣穴を掘ってその中で生活しています。日中はほとんどの時間、この中で眠って過ごしています。だからペットのウサギたちにも「狭いところに潜り込むと安心する」習性が残っています。

またウサギは縄張り意識がとても強い動物。自分の体に対して広すぎるケージで飼われていると「縄張りを守らねば！」と思い、落ち着くことができません。だから理想のケージの広さは、ウサギが体を伸ばしてゆっくりできる程度でいいんです。

純血種は、大人になったときのサイズがだいたい想定できます。最初から大人になっても使えるサイズのケージを用意し、小さいうちはハウスなどを入れて空間を仕切ると落ち着きます。雑種の場合は予想外に大きくなることもあるので、成長に合わせてケージを買いなおす必要性も出てきます。

掃除がしやすくて安全な飼育グッズを選んでね

まずは基本の飼育グッズを準備して

ウサギを迎えるときに、事前にそろえておきたいのが快適な住空間を作るためのグッズ。ウサギ専用の飼育グッズも充実していて、いろんなタイプの製品が出ています。

選ぶとき気をつけたいのは、ウサギが安全で健康に暮らせるものであることです。特に材質には、十分注意しましょう。ウサギにはモノをかじる習性があります。かじっても安全なもの、またはかじっても壊れないじょうぶな素材でできているものを選んであげましょう。

またケージの広さが適切で、グッズもウサギの体の大きさに合ったものを用意して。特にトイレは狭すぎたり広すぎたり、縁が高くて入りにくいものだったりすると、しつけがうまくいかない原因にもなります（詳しくは56～58ページ参照）。

最初にそろえたいのは、次のようなグッズ類です。

ウサギのおうちに必要な基本の飼育グッズ

●ケージ➡ 掃除がしやすくじょうぶなものを

ウサギを室内で飼う場合、まず必要なマイホーム。外に出して遊ぶとき以外は、安全のためにケージの中で暮らす習慣をつけましょう。縄張り意識が強いウサギさんは、自分だけのおうちがあると安心して過ごせるもの。体のサイズに合っていて、快適に過ごせるものを選んであげてください。

体重１～２kgくらいの小型種なら幅60×奥行45×高さ55cmくらいの広さで十分です。ただしおもちゃやハウスを中に入れてあげるなら、幅80×奥行55×高さ60cmくらいのやや大型のものにしてあげると、より快適に過ごせます。

また底が引き出し式になっているタイプは掃除がしやすいので、衛生的で飼い主さんもラクです。

プロタイプのケージ

おすすめするケージのひとつです。使いやすく、安全性と清潔を重視した工夫が満載です。

●扉

ウサギは自分の出入り口があると安心します。だから自分で出入りする正面の扉、飼い主さんが抱いて出し入れする上面の扉があるケージが理想的。

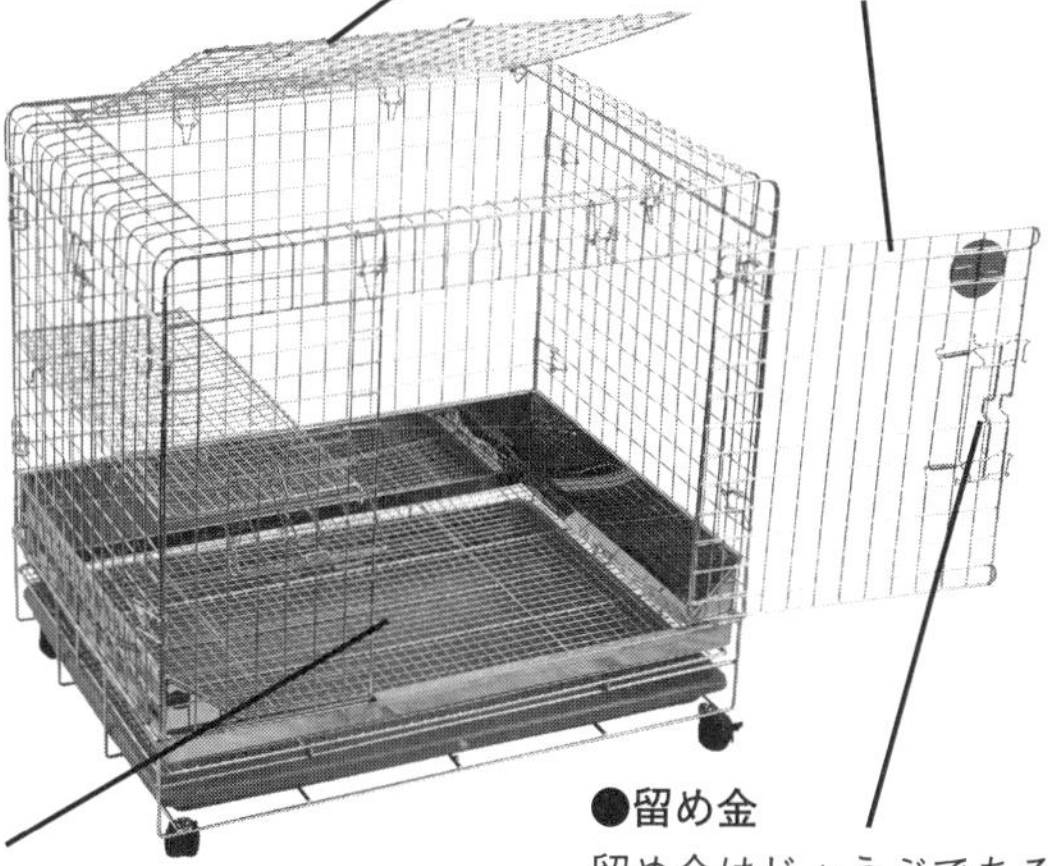

●床

「金網の床は足裏を傷つける」といわれてきましたが、足裏にやさしいタイプも出ています。金網タイプだと排泄物などが下に落ち、通気性もいいので衛生的です。

●留め金

留め金はじょうぶであるのと同時に、金属の尖端がウサギの体を傷つけないものを選んで。

●床材➡足裏にやさしい素材のものを

金網の床で網目が幅広い場合、ウサギの足裏を傷めることがあります。そんなときは床に木やプラスチック製のスノコを敷きましょう。ウサギさんが休めるように、金網の床に部分的にプラマットを置いてもいいでしょう。

牧草を敷いている飼い主さんもいるようですが、排泄物やフードなどで汚れ、湿気もたまりやすいのでおすすめできません。

スノコは清潔に保つために２～３枚用意して、汚れたらきれいに水洗いを。よく乾かしてから中に入れましょう。

木製のスノコ

金網の床の上に置いて使います。隙間が狭く、ウサギの足が引っかからないものを選びましょう。

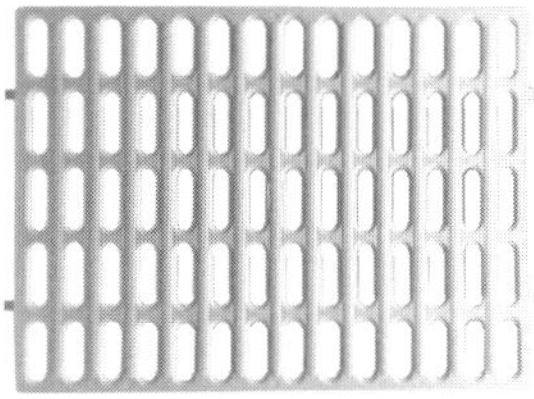

プラマット

断面が丸く波形になっているので、足裏にかかる衝撃を和らげる効果大。水洗いしてすぐに使えるので、衛生的です。

●トイレ➡掃除がしやすく、使い勝手がいいものを

トイレは繰り返し洗って使えるじょうぶなプラスチック製のものがおすすめ。

省スペースの三角形のものだと、ケージが広く使えます。

トイレの中には、トイレ砂を入れておくと掃除がラクです。

➡トイレグッズの詳しい選び方は、56～58ページを参照に

プラスチック製のトイレ

底には金網がついていて、排泄物が下に落ちるので衛生的です。

●フード入れ➡ひっくり返せない固定式のものを

ウサギの主食のペレットを入れます。ひっくり返して遊んでしまうコも多いので、固定式のものがおすすめです。

容器をかじるクセのあるコには、陶器製のものを用意するといいでしょう。

固定式のフード入れ

ウサギさんがかじらないように、プラスチックの縁がステンレスでガードされています。また底がお椀状になっているので、フードが中央に集まり、食べやすくなっています。

●牧草入れ➡食べやすい作りのものを

牧草はいつでも食べ放題にしてあげたいもの。ウサギさんが食べやすい位置にワイヤーで引っかけられるタイプがおすすめです。

ケージの中に入れるタイプと、外に引っかけるタイプのものがあります。材質は木製のほか、陶器製もおすすめです。

木製の牧草入れ

木でできているので、かじり木にもなります。留め具で食べやすい位置に取り付けられます。

●給水ボトル➡水がこぼれないタイプがおすすめ

ウサギは体がぬれると病気になりやすいので、水がこぼれないボトル式のものがおすすめです。

ノズルの中が詰まると水が飲めなくなってしまうので、定期的にお掃除をしましょう。

プラスチック製のボトル

水がたっぷり入れられるプラスチック製のボトル。給水口が大きいので、ボトルの中が掃除しやすく、清潔に保てます。ケージに固定するには、別売りのスプリングホルダーが必要です。

「トイレとフード入れは反対側」がレイアウトの基本

ケージの中には、フード入れ、給水ボトル、牧草入れ、トイレを設置します。排泄物に近いところでフードを食べるのは不衛生なので、トイレとフード入れは反対側に配置するのが基本です。

トイレはケージの隅のほうに置くと、ウサギは安心して用を足せます。三角形のコーナー用トイレはスペースを有効に活用でき、しかも二面がケージの壁面に接しているので安心感もありおすすめです。

引っ掛けるタイプの牧草入れや給水ボトルは、ウサギが使いやすい高さに設置してあげて。普通に座った状態で首を伸ばしたりせずに飲んだり食べたりできる高さが理想的。ウサギの成長に応じて、高さを見直して調節しましょう。

トイレを覚えなければ、フード入れと位置を逆にしてみて

左ページのイラストが基本的なレイアウト例ですが、個体差の多い彼らのこと、それぞれのコによっていろいろなクセがあります。例えばトイレのしつけがすぐに覚えられるコもいれば、なかなかできないコもいます。またフード入れをひっくり返して遊んでしまうコもい

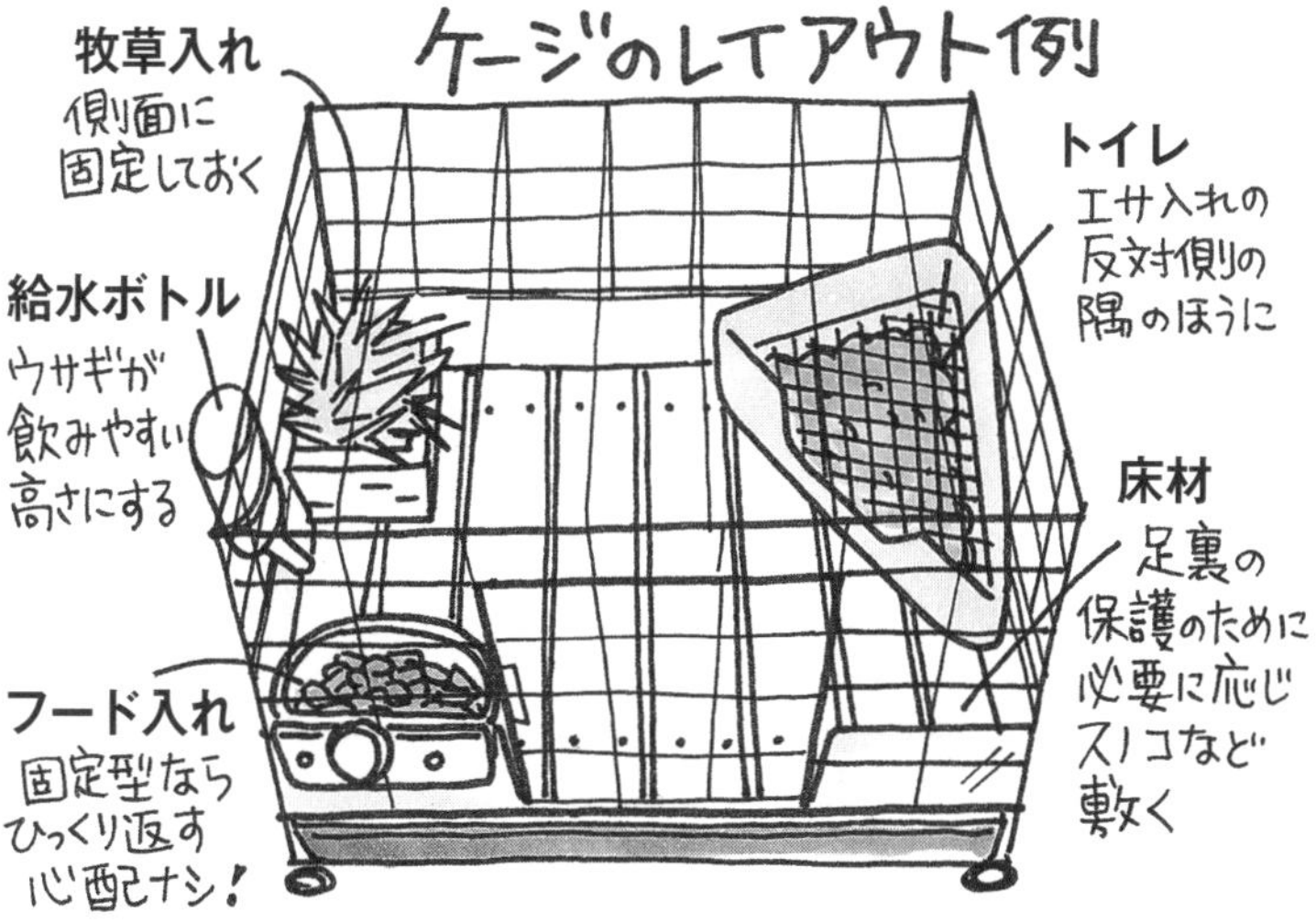
ケージのレイアウト例
牧草入れ
側面に
固定しておく
給水ボトル
ウサギが
飲みやすい
高さにする
フード入れ
固定型なら
ひっくり返す
心配ナシ！
トイレ
エサ入れの
反対側の
隅のほうに
床材
足裏の
保護のために
必要に応じ
スノコなど
敷く

ます。

そんなときは、トイレとフード入れの場所を逆にしてみると、トイレが上手に使えるようになる場合もあります。フード入れを固定式のものに変えて、ひっくり返せないようにすることで、いたずらが止むことも多いものです。

スノコの上をきらい、トイレの中で1日過ごすコには、床材を変えることで、トイレ以外の場所で落ちついて過ごすようになることもあります。

あまり頻繁に変えるのはよくありませんが、そのコの個性に応じて、住環境の見直しをすることはとても大切。人間も机やベッドの位置を変えることで、勉強がはかどったり、よく眠れるようになることがあります。ウサギだって、同じこと。

行動パターンをよく見て、最適なレイアウトを考えてあげましょう。

トイレのしつけには、「ニオイ」を上手に利用してください

根気強く教えてあげることが大切

ウサギの専門店などに最も多く寄せられる悩みが、「トイレ」についてだと思います。「うちのコはどうしてトイレを覚えてくれないの?!」と悩んでいるあなた、同じ悩みを抱える飼い主さんはたくさんいます。

実際、ウンチもオシッコもパーフェクトにトイレでするウサギさんは、ほとんど皆無に等しいのです。またせっかくできるようになっても、思春期を迎えてから（詳しくは70～73ページ）オシッコを飛ばすようになったり、ウンチをあちこちでまき散らすようになってしまうケースもあります。

あまり思い悩まずに、まずは「できる範囲でのしつけ」を目指して、気長に根気強く教えていってあげましょう。

「ニオイ」で、場所がわかるようになる

トイレのしつけのポイントになるのは、「ウサギの習性」です。野生のアナウサギは決まった場所をトイレにしますが、これは優れた嗅覚でトイレの場所を理解しているのです。

ペットのウサギも「ニオイ」で、トイレを覚えられます。トイレの場所を決めたら、オシッコがついたティッシュを入れたり、排泄物がついたトイレ砂を少し残しておきます。こうすることで、トイレの場所がわかるようになります。トイレ以外の場所でオシッコしてしまったら、掃除してから消臭剤（57ページ参照）でニオイを消しておきましょう。

そぶりを見せたらトイレへ連れて行って

トイレのしつけはウサギが新しい環境に慣れてきたら、すぐに始めましょう。ケージから出して遊ばせているときに、しっぽを持ち上げたり、ソワソワしたり、排泄したそうなそぶりを見せたら、トイレに連れて行きます。「ここでしようね」と声をかけ、上手にできたら、やさしくほめてあげて。子ウサギは膀胱が小さいので、10～15分くらいを目安に連れて行きましょう。またうまくできなくても、絶対に叱らないで。特にたたいて叱ったりすると、飼い主さんとの信頼関係が台無しになってしまいますよ。

デリケートなウサギだから、トイレは置き場所にもこだわります

トイレはケージの隅、フード入れと離れた場所に

ウサギのトイレは、ケージの隅に置くのが鉄則です。警戒心の強いウサギは、安全な場所でないと排泄しません。壁際に面したケージの隅などは、安心できる場所です。

排泄物がかかると不衛生なので、フード入れや牧草入れはトイレの近くに置かないようにします。またケージ内にハウスを入れる場合は、離れた場所にトイレを設置するようにしましょう。ウサギは清潔好きで、野生でも寝床から離れた場所をトイレにしています。

またトイレの中には、排泄物の処理をラクにしてくれて消臭、殺菌効果もある「トイレ砂」を入れましょう。気になるニオイも抑えてくれます。木の粉でできたものなど、ウサギが食べてしまっても安心なものを選んで下さい。ペットシーツを敷いておいてもいいでしょう。どちらもかじったり飲みこんだりしないように、トイレの網の下に入れます。

●消臭剤

そそうをしたときに、掃除をしてからシュッとひと吹きしておくとオシッコやウンチのニオイが消えます。

●トイレ

省スペースの三角形で、足裏を傷つけない金網がついたタイプがおすすめ。写真の製品は陶器製なので尿石がつきにくく、熱湯消毒もできて衛生的です。

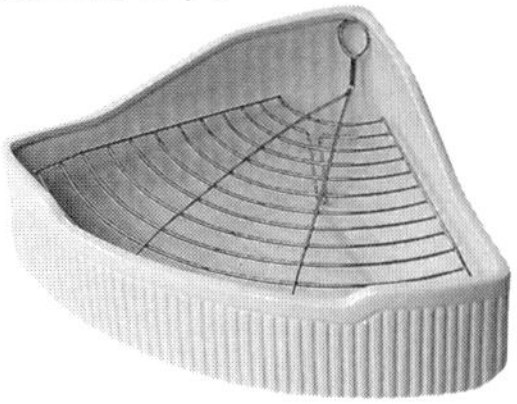

「三角形のトイレ」がおすすめ

おすすめの形は、ケージの空間を広く使える、三角形のコーナータイプのもの。オシッコの飛び散りを防ぐように、後ろ側に高い壁がついているものがいいでしょう。トイレの床の網は、金属製だとプラスチック製のものよりオシッコが付きにくいというメリットがあります。ただし、あまり目が細かいと、ウンチがうまく下に落ちないこともあるので注意しましょう。

体の小さなウサギには、入りやすいように入り口がスロープ状になっているものがおすすめです。入りにくいと、トイレをきらうコもいるようです。

トイレの大きさは、そのコの体の大きさに合ったものを選ぶようにしましょう。大きすぎると中に入り込んで遊んでしまうことがあります。逆に狭すぎると、窮屈で中で用を足したがらないこともあります。

●ペットシーツ

トイレの網の下やケージの底に敷いて使います。高分子吸収ポリマーで、オシッコをたっぷり吸収してくれます。

●トイレ砂

万一食べても安全なように、木の粉を固めたペレット状の砂がおすすめ。固まる砂など食べて危険なものは使わないで。

トイレは毎日掃除します。おしっこで汚れたトイレ砂は捨て、トイレを水洗いします。ウサギのおしっこはカルシウムが多く尿石がつきます。専用の尿石除去剤でいつもきれいにしましょう。

滅菌効果もある「消臭剤」が便利

ウサギさんはニオイでトイレを覚えているため、一度した場所でまたオシッコやウンチをするクセがあります。だからトイレ以外の場所で排泄をしたら、すぐに掃除をして、ニオイも消しておく必要があります。

普通に拭き掃除をしただけでは、嗅覚の鋭いウサギさんにはあまり効果がありません。そそうをした場所に、ペット用の消臭剤をスプレーしておきましょう。瞬間的にニオイをシャットアウトしてくれるので、飼い主さんも快適です。滅菌効果もあるので、衛生面からもひと吹きしておくと安心です。

Part 2

縄張り行動＆抱っこ嫌い…
思春期対処法

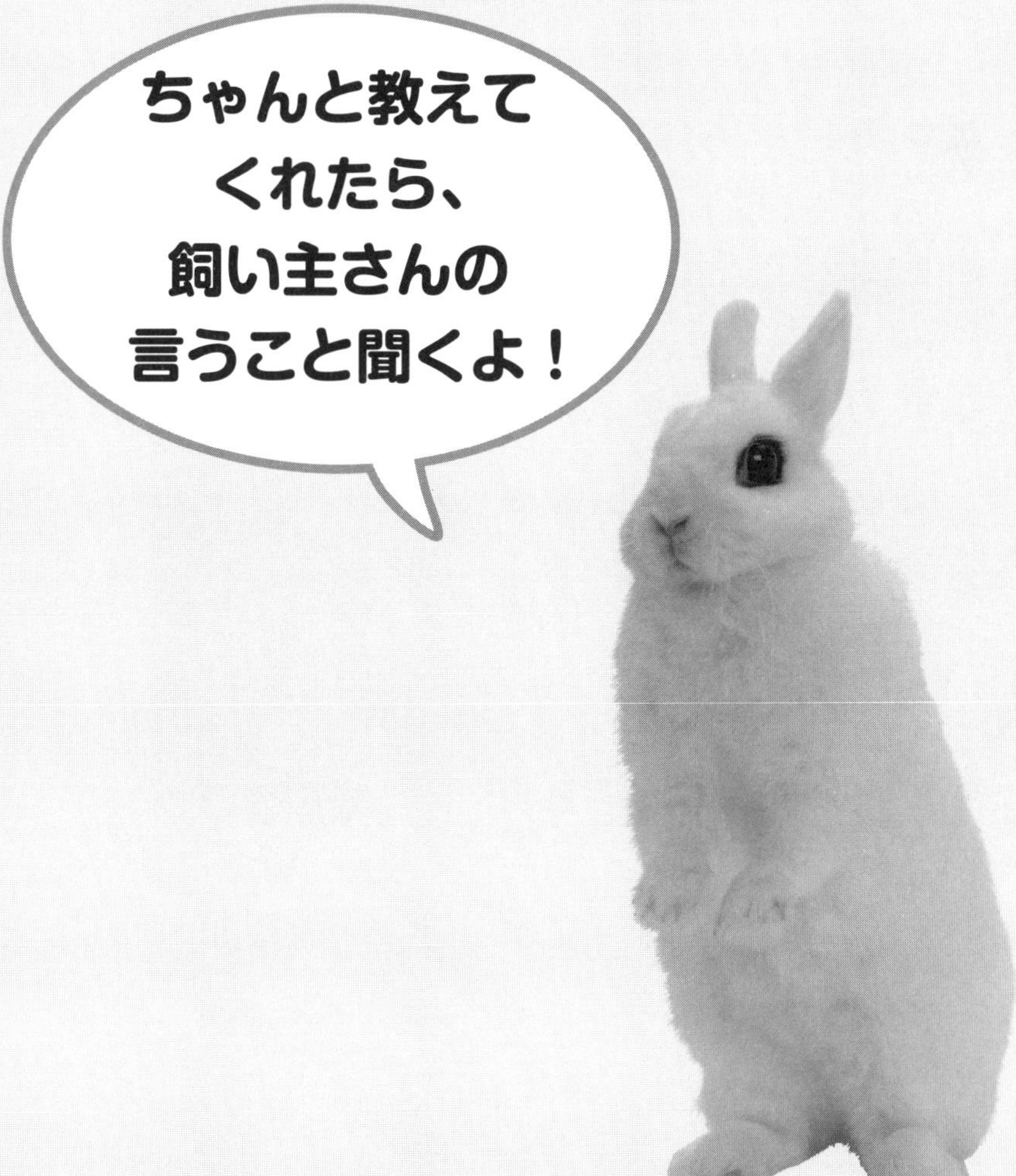
ちゃんと教えて
くれたら、
飼い主さんの
言うこと聞くよ！

「ウサギの思春期」の始まりサインは、"自己主張"でした

ウサギさんの態度の豹変には、理由がある

「自分から私のひざに乗ってきて、抱っこをせがむような人なつっこいコだったのに、最近抱っこしようとすると逃げるようになっちゃいました。どうしたらいいですか？」

「ケージから出して遊ばせていたら、突然私の足にかみついてきたのですが……。今までいいコだったのに、大ショックです」

こんな悩みを持つ飼い主さんは多いものです。

このほかにも「グルーミングをいやがるようになった」「オシッコをトイレでしなくなった」など、さまざまな問題行動は心配の種です。

おうちに来てすぐで、新しい環境になじめない頃ならまだしも、2～3カ月時間がたって、すっかり家族に慣れてきた頃にこんな行動が見られると「私のしつけが悪かったのかしら？」

ウサギと人間の年齢の比較
1ヵ月
2歳
3～4ヵ月
3～4ヵ月になれば思春期のはじまり
イラ イラ…
10代前半
フ…
やっと大人!
1年
20歳
もうおちついたもんです

とクヨクヨしがちです。でもこういった行動は、実はウサギさんの成長の証し。人間にもある「思春期の到来」なのです。

3～4カ月から始まる「思春期」

「ウサギさんの思春期?!」と驚く人も多いかもしれません。でも、大人になる過程で心身ともにさまざまな変化を見せるのは、人間もウサギさんも一緒です。

ウサギは5～6カ月で大人の体になりますが、性的な成熟が始まるのは3～4カ月頃から。この時期がちょうど人間の10代前半の「思春期」と重なります。

思春期の一番の特徴は、「縄張り意識が芽生え、それが強くなっていくこと」です。すべてのこまった行動の原因は、「縄張り意識の拡張」

だといっても過言ではありません。

この時期のウサギは、ほかのウサギや飼い主さんの足などに乗っかって腰をフリフリする「マウンティング（繁殖行動のような動き）」や、オシッコを部屋の壁や家具、飼い主さんにまでかける「スプレー」など、今までしなかった行動をするようになります。

自分の縄張りを主張するために、あごの下の臭腺《しゅうせん》を擦りつけてニオイをつけようとしたり、生殖器の近くにある臭腺から出る分泌液のニオイをコロコロのウンチにつけて、あたりかまわず撒き散らすこともあります。

こういった行動を見ると飼い主さんは「発情した」と思うかもしれません。でも、正確にはこれはその前段階。生殖機能が発達しないうちから、マウンティングやスプレーといった行動は始まります。まだおっぱいを飲んでいるような小さなコでも、行うことがあるのです。

ウサギさんの行動に振り回されないで

思春期を迎えたウサギは、飼い主さんへの態度も以前とは変わってきます。グルーミングや抱っこをいやがる、足にまとわりついたり、かみついたりするようになる……。ケージから出してほしいと、ケージの中で大騒ぎして、飼い主さんをこまらせることもあります。

「急に私のことを嫌いになっちゃったの?!」と悲しい気分になる飼い主さんもいれば、「反

思春期には こんな困った行動が見られる!
出せ
出せ〜!!
ケージから
外に出たら
出たがる
オシッコを飛ばす
スプレー行動
フリ
フリ
マウンティングを
する

抗的になってきたから、しつけをしっかりし直さなければいけないのかしら……」と不安にかられる飼い主さんもいるでしょう。

でもこの時期に大事なのは、これらの行動の引き金になっている、思春期特有の「縄張り意識の芽生え」を理解してあげることです。

目の前で起こるこまった行動に気をとられるのではなく、その原因となる「縄張り意識」をウサギさんの中で増長させないように、環境を整え、しつけをすることが大事です。

思春期は、いわば「第二のしつけ」が必要な時期。子ウサギのときにしたしつけが多少うまくいかなくなっても、「大人の仲間入りの時期だから、しかたないよね」と大らかな気持ちで、ウサギさんと接してあげて、必要なしつけをしっかりし直していきましょう。

思春期さんと上手につきあう、3つの心得を知っておいて

ウサギには「縄張りを拡張したがる」本能がある

ウサギさんのルックスは、とっても愛らしくておだやかな雰囲気。その姿を見ていると、ケンカをしたり、攻撃的になったりすることなど想像がつかないという人も多いかもしれません。

でも、ウサギは実は「縄張り意識」が強い動物です。ケージの中に複数のウサギを一緒に入れると、自分より弱そうなコを攻撃したり、マウンティングをして、自分の優位性を徹底的に示そうとする姿が見られます。

これらの行動は「ここはボクの縄張りだ！」という本能的な行動で、思春期以降のウサギさんにとっては、当たり前のものです。特に男のコは女のコに比べるとより縄張り意識が強いので、激しくケンカをして、ケガしてしまうこともあります。

男のコと女のコの違いを理解しよう

「縄張り意識」は男のコにも女のコにもありますが、多少の違いがあります。

まず男のコの場合は、「縄張りを広げる」ことにこだわりがあり、スプレーやマウンティングなどの行動がよく見られます。さらにエスカレートすると、飼い主さんにかみつくこともあります。

女のコの場合は出産や子育てのために、自分だけの安心できる縄張りを求める習性があります。発情期には飼い主さんに反抗的になったり、攻撃的になったりすることがあります。

また複数飼いしている場合には、自分の優位性を示すために、女のコどうしでもマウンティングやスプレーなどの行動が見られることがあります。

ただし個体差があるので、男のコでも縄張り行動が強くないコもいれば、女のコでも激しいコもいます。

思春期のウサギさんと上手につきあう3つの心得

ほかのウサギが身近にいなければ、縄張り意識が芽生えないわけではありません。一匹だけをケージで飼っていても、思春期を迎えたウサギさんは、「縄張り行動」を始めます。

このときカギになるのが「むやみに縄張りを拡張することはできない」と、覚えさせること。思春期は子ウサギの時期の後の、第2のしつけのチャンスです。ここでしっかりしつけをしないと、手のつけられないウサギさんになってしまうこともあるのです。

まずは思春期のウサギさんとつきあうための、基本的な心得を紹介しましょう。

心得その① マウンティングはすぐにやめさせる

交尾のときのような姿勢をとる「マウンティング」は、男のコに多く見られる縄張り行動です。上になった方が優位であることを主張しています。放っておくとエスカレートするので、すぐにやめさせることが大事です。（⬇詳しい対処法は82〜83ページ参照）

心得その② やたらとケージの外に出さない

「ちょっと遊ばせてあげよう」と思ってケージの外に出していても、思春期のウサギさんの中には「縄張りを広げるチャンス！」と勘違いしてしまうコもたくさんいます。

ケージに入りたがらなくなったり、家の中の別の部屋に入りたがったりして、落ち着いてケージの中で過ごせなくなってしまうことも多いのです。あまり自由にさせていると、スプレー行動が強くなることもあります。

まずはケージの中が「快適で安全な自分の居場所」だということをわからせてあげましょう。そしてケージの外に出すときは、必ず飼い主さんのひざの上にいったん乗せてから出す

思春期は第2のしつけのチャンス!!
相手にされてない…
マウンティングはすぐやめさせる
出して〜!!
…
やたらとケージから出さない
ダメ！
かんだりしたらすぐに「ダメ！」としかって

ようにしましょう。「ケージからは勝手に出られない」とわからせることが大切です。

ケージから出ると興奮するようなら、自由遊びは控えめにしたほうがいいでしょう。

（➡詳しい対処法は68～69ページ参照）

心得その③ かんだら「ダメ！」としっかりしつけを

思春期のウサギの中には、興奮して飼い主さんをかんでしまうコもいます。かんだらすぐに「ダメ！」と短い言葉で叱りましょう。ウサギの頭を押さえていうと効果的です。叱られないと、ウサギさんは飼い主さんを自分より弱い、下の存在に見てしまいます。また叱るときは、名前は呼ばないで。「名前を呼ばれること＝叱られる」とウサギさんが勘違いしてしまいます。かんだ後、興奮しているようだったら、しばらく放っておきましょう。飼い主さんが騒ぐと、余計に興奮してしまうことがあります。

（➡詳しい対処法は78～81ページ参照）

思春期の悩み①

「ケージから出して！」と夜中でも大騒ぎ

「むやみな自由遊び」をやめれば、静かに過ごせるようになる

自由に遊べる場所は、「自分の縄張り」だと勘違いしてしまう

日中留守がちだから、帰宅してから寝るまでの数時間、ストレス解消のためにウサギを室内で自由に遊ばせている。そんな飼い主さんは、けっこう多いようです。

でも、そのうちにウサギはケージに戻りたがらないようになり、飼い主さんが無理やり中に入れても「出してよ〜」とケージの中で大騒ぎ。足をダンダン踏み鳴らしたり、ケージの扉をガリガリかじったりして、飼い主さんまで寝不足になってしまう……。これでは「ウサギのストレス解消」にならないばかりか、ウサギさんにも、飼い主さんにもますますストレスがかかってしまいます。

ウサギさんは「自由に室内で遊べる＝部屋の中はすべて自分の縄張り」と思い込んでしまっているのです。だからケージに戻されてイヤがるのは、無理のないことなのです。

サークルで
空間を
制限すれば
落ちついて
遊べるよ！
跳び出すコもいるので
天井付きなら安心
70cm以上

遊ばせるときは、空間を制限して

ウサギをケージから出して遊ばせるときは、むやみに自由にするのではなく、「空間を決めて」遊ばせるのがポイントです。たとえ毎日ケージから出て遊んでいても、「遊べるのはこの部屋の中だけ」とわかっていれば、ケージに戻ってからも騒がないはずです。また興奮しがちなウサギさんの場合は、部屋を決めるだけでなく、遊べる空間自体を制限してあげたほうがいいでしょう。

このとき役立つのが、サークルです。ジャンプしても跳び越えられない高さ（70cm以上が目安）があって、しっかりした作りのものを選んで。ただしウサギの中にはチャレンジ精神が旺盛なコもいて、ネザーランドドワーフのような小型種でも70cmのサークルをジャンプして越えてしまう場合があります。そんなときは、天井を付けられるタイプのサークルを使うことをおすすめします。

思春期の悩み②

ウンチやオシッコをあちこちでしてしまう

スプレー行動には「空間と時間の制限」で対処

「ここはボクの場所！」と主張するためにしてしまう

「以前はトイレのしつけがバッチリできていたのに、最近急にトイレ以外の場所で、ウンチをばらまくようになっちゃった……」

「大事な家具にまでオシッコを引っかけるようになってしまって、どうしたらいいかわからない！」

と、ウサギさんのトイレ問題に心を痛めている飼い主さんは、とても多いものです。

前にも述べたように、思春期を迎えたウサギは自分の縄張りを誇示するために、オシッコをかける「スプレー行動」をしたり、自分のニオイをつけるために、わざとウンチをトイレ以外の場所でしたりします。こういった行動は男のコのほうがよくしますが、女のコでもするコはいるようです。

「空間と時間の制限」をまずはしてみて

ある飼い主さんから、こんな話を聞いたことがあります。夜、ケージを開けたままでサークルの中で自由に過ごさせていたら、ウサギがサークルを跳び越えてベッドの上に乗ってくるようになり、挙句の果てにベッドの上にウンチやオシッコをするようになってしまった……。どうしたら、ベッドに乗らなくなるか知りたい、ということでした。

そのコは普段から自由に遊べる環境でいることが多く、夜だけサークルの中に入れられていたようです。さらに夜もケージの扉には鍵はかけられていなかったので、自由に出入りができました。

これでは、ウサギさんが「なんで飼い主さんは広いところで寝ているのに、ボクだけ狭いケージで寝なくちゃいけないの?!」とうらやましがってしまっても、無理はありません。

出入り自由なケージでは、縄張り意識が旺盛な思春期のウサギさんは、すぐに外に出てしまいます。またサークルも跳び越えられる高さのものだったら、意味がありません。

自由遊び以外の時間は、ケージに入れて施錠しておく、サークルから跳び出せないように上部もふさぐようにするなど、「空間の制限」がこういった場合には効果的です。

またウサギがケージから出ると興奮気味になるときは、ケージから出す時間を短くするか、もしくは落ち着くまでは自由遊びを控えさせることも大切です。

こうした「空間と時間の制限」をすることで、ウサギさんの問題行動は落ち着いてくることが多いものです。

このウサギさんの場合は、次第に「ケージとサークルの中が自分のテリトリー」だと納得して、オシッコやウンチのまき散らしがなくなっていきました。

オシッコやウンチのニオイを、すぐに消しておくことも大事

オシッコやウンチをウサギさんがトイレ以外の場所でしてしまったら、すぐに掃除することも、こういった行動を習慣にしないためには大切です。

ウサギは行動をパターン化しやすく、特にオシッコやウンチはニオイが残っていると、また同じ場所でする習性があります。しっかり拭き掃除をした後に、ペットの排泄物のニオイ消しに効果的な消臭剤をシュッとひと吹きして、ニオイが残らないようにしましょう。

飼い主さんの中には「絶対トイレでオシッコするまで、しつけをし直さなきゃ！」と使命感に燃える方もいるようですが、スプレー行動は本能に基づいたものなので、なかなかおさまりません。

年齢とともにちゃんとトイレでするようになるコもいるので、シビアに考えすぎないほう

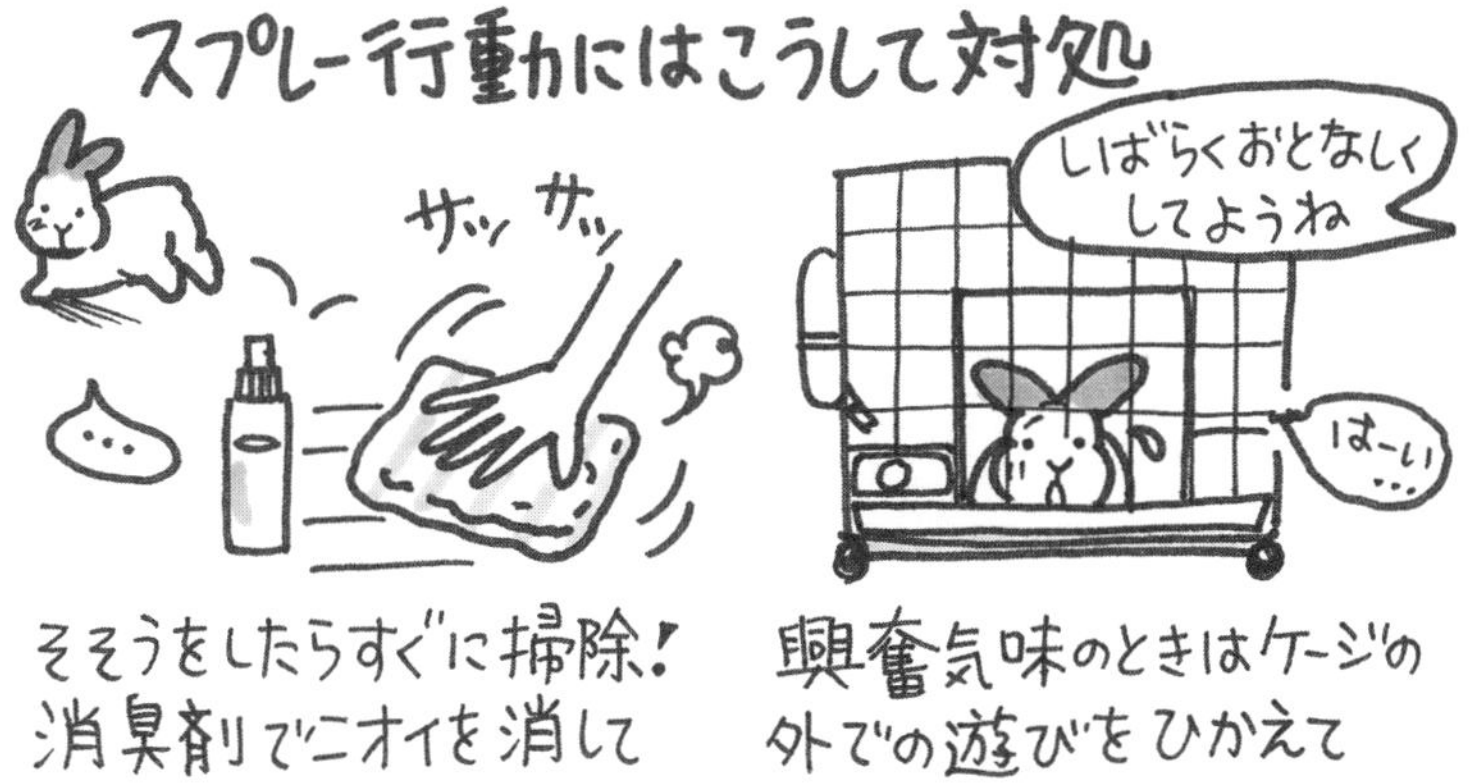
スプレー行動にはこうして対処
サッ サッ
しばらくおとなしくしてようね
はーい
そそうをしたらすぐに掃除！消臭剤でニオイを消して
興奮気味のときはケージの外での遊びをひかえて

がいいかもしれません。「何でこんな悪いコになっちゃったの……」と思いつめるのは、飼い主さんにとってもウサギさんにとっても、不幸せなことです。

しつこいスプレーには「去勢」も選択肢

飼育方法を工夫してみても、なかなかスプレー行動をやめないコもいます。気の強い男のコに多く見られるのですが、そんなときは、男のコならば「去勢」を考えるのも、ひとつの方法です。（詳しくは86～88ページ）

去勢をすれば男性ホルモンの分泌がなくなり、「縄張り意識」そのものが薄れ、スプレー行動をしなくなるコもたくさんいます。ただし、中には去勢をしても、行動が習慣になっていて、簡単にはやめられないコもいます。

去勢をしたから、すべての問題行動がおさまるわけではありません。メリット、デメリットをよく考えて、手術を受けるかは主治医さんにもよく相談して決めましょう。

思春期の悩み③

抱っこやグルーミングをいやがる

「自分の縄張り以外の場所」では、おとなしくなるコも多い

突然抱っこぎらいになったウサギさんの気持ちとは？

今までおとなしく抱っこをされていたコが、急に抱っこをいやがるようになる。グルーミングを気持ちよさそうにしていたコが、体の手入れをしようとすると逃げ出すようになる。これらもウサギさんの思春期によく見られる行動です。

思春期のウサギは、自分の縄張りを拡張しようとするのと同時に、自分の縄張りに他者が入ってくるのをいやがります。

抱っこやグルーミングをしようとするとき、あなたはどんな場所でやっていますか？ ケージのすぐ近くでしたり、サークルで遊ばせているときは、飼い主さんがサークルの中に入って抱っこするという場合も多いかと思います。

例えばウサギさんが「ここはボクの縄張り」と安心できるサークルの中で、くつろいででい

抱っこやグルーミングは縄張り以外の場所で
こっちの部屋で
抱っこの練習
しようね

たとします。そこへ飼い主さんがやってきて、突然手を伸ばして抱っこしようとすると、思春期のウサギは「アレ？　ボクの縄張りに入り込んで来たぞ。縄張りを守らなくちゃ！」と思っていやがります。飼い主さんは前と変わらない気持ちでいても、ウサギさんは成長とともに変わってきてしまったわけです。

「縄張りの外」に移動してやってみよう

では、思春期のウサギさんを抱っこしたり、気分よくグルーミングしてあげるためには、どうしたらいいのでしょうか？

抱っこもグルーミングも、いやがっているのに無理にすると、ウサギさんは「いやなこと」と感じるようになり、素直にさせてくれなくなります。そうならないためには、彼らの気持ちが落ち着くように、環境を整えてからすることが大切です。

抱っこの場合は、ケージからウサギさんを出してすぐか、彼らが興奮気味のときは無理にせずに、少し落ち着いてからしてみましょう。好きなおやつなどを使い、「抱っこされることは楽しいことだ」と、彼らが思えるようにしてあげるといいでしょう。

またグルーミングは「縄張りではない場所」に移動してすると、おとなしくさせてくれることが多いようです。いつも遊んでいるのとは別の部屋で行ったり、高さのある椅子の上などで行うと「ここはボクの縄張りじゃない」と彼らも納得します。持ち運びしやすいウサギ用のグルーミングテーブルも市販されているので、こういったグッズを使うのもおすすめです。エプロンなどの「グルーミング用の服装」を飼い主さんが用意しておいて「これを着たら、やるんだよ」とわからせてあげることも効果的です。子ウサギの頃から習慣化しておくとスムーズです。

いうことを聞かないコには毅然とした態度も大事

「抱っこやグルーミングがきらいなら、いやな思いまでさせて、無理にしなくてもいいんじゃない？」と思う飼い主さんもいることでしょう。

でも思春期を迎えたからといって、腫れ物に触るように扱う必要はありません。人間の子どもと一緒で、いやがっても「やらなければならないことは、必ずやる」という習慣づけを

『グルーミング用の服装』
で毎日の習慣に!
ブラッシング
始めるよ〜!
今日も
やるのネ…
長そで
グルーミング
用エプロン

してあげることは、ウサギにも必要です。

ウサギは、行動を習慣化しやすい動物です。一度彼らが「やらなくていい」と思い込むと、せっかく今までできていた体のお手入れなどを、断固として拒否するツワモノも少なくありません。

思春期には、ウサギさんと飼い主さんの根比べも必要です。やるべきことはやるようにしておかないと、体のお手入れができなくなって、病気や体調不良の原因になることだってあります。根気よく、抱っこやグルーミングの練習をしてみましょう。

本当にウサギさんがかわいいと思うなら、いいなりになるのではなく、こちらのいうことがわかってもらえるように、飼育方法を工夫することが大切です。

思春期の悩み④

飼い主さんにかみついてしまう

かみグセのあるコには「かめない環境作り&気分転換」を

やたらとかむ場合は、よく行動を観察してあげて

思春期を迎えたウサギさんの中には、飼い主さんの足や服にまとわりついて、挙句の果てにかみついてくるというコが少なくありません。これは発情したときによく見られる行動で、放っておくとエスカレートしてしまいます。

でも、ウサギは発情しているとき以外にも、飼い主さんをかむことがあります。例えば何か怖いことがあったり、驚いて興奮しているとき、いやなことをされたときなどに、かみつくことがあります。また特に原因が見当たらないのに、やたらと人にかみつく場合は、環境の変化など、何かしらのストレスがある場合も。

まずはどんな場面でかむことが多いのか？　その前後にはどんな行動をしていたのか？　など、行動をよく観察してみましょう。なぜかむのか原因がわかってくるはずです。

クセになる前に「かめない環境作り」を

ウサギさんがかみつくのは、どんなときが多いのでしょうか？　おそらく部屋で自由遊びをさせようと、ケージから出しているときなどが多いのではないでしょうか。

思春期のウサギは縄張り拡張に余念がありません。縄張りを広げようとしているところへ、飼い主さんが近づいてきたことで、縄張り主張の意味でかみつくことが多いのです。

飼い主さんをかまないようにするためには、まずは「かめない環境作り」がポイント。遊ばせるときはサークルで行動範囲を制限してみましょう。「今まで広い部屋で遊んでいたのに、かわいそう」と思うかもしれませんが、ウサギさんは与えられた環境に次第に満足し、落ち着いて過ごせるようになっていきます。

ケージの外に出す時間も決めて、長時間の自由遊びは控えるようにしましょう。ウサギさんが興奮しすぎないように、飼い主さんが行動をしっかりコントロールしてあげることが大事です。

またひざの上抱っこをしているとき、ウサギさんがかもうとしてくることがあります。そんなときは「ダメ！」といいながら、ウサギの体を後ろへ20㎝くらい遠ざけてみましょう。これを繰り返すことで、ウサギさんは「かむことはできないんだ」と理解してくれます。

かじってもいいおもちゃで「気分転換」を

人間や家具などをかむことはやめさせなくてはいけませんが、かじることはウサギの本能でもあります。かじられない環境作りと同時に、かじってもいいものを与えて、気分転換させてあげるのもおすすめです。

ケージの中にかじってもいいおもちゃを入れておくと、気分転換になる場合があります。食べても安全な牧草を編んで作られたボールや座布団、天然木を使ったおもちゃなどは、体に安全です。

中にはおもちゃにまったく興味を示さないコもいますが、あくまでも個体差なので気にしなくて大丈夫です。しばらくたってから興味を持ち始めることもあるので、気長に様子を見てみましょう。

かまれたら、その場で叱って

じょうぶな歯を持ったウサギさんにかまれると、かなり痛いもの。場合によっては、出血するほどのケガになることもあります。

かみつくことを注意されなければ、ウサギさんは「やってもいいんだ」と思ってしまいま

抱っこ中にかんでくるコにはしつけを

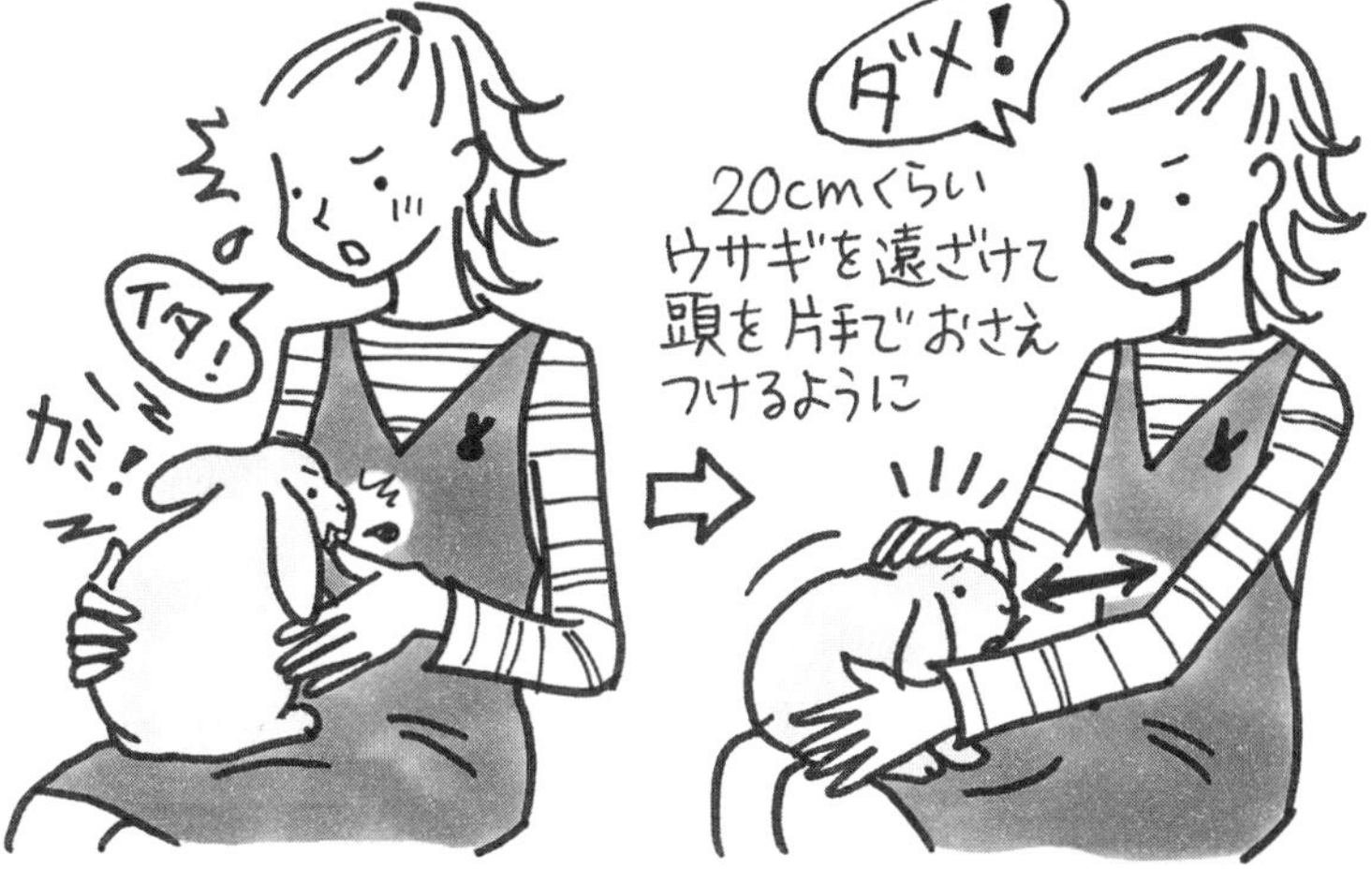
イタ！
カミ！
ダメ！
20cmくらい
ウサギを遠ざけて
頭を片手でおさえ
つけるように

す。かみグセがつくとなかなか止まらなくなりますし、「飼い主さんより自分のほうが上なんだ」と、ウサギさんが勘違いしてしまうことも。

ウサギにかまれたらすぐにその場で「ダメ！」と、頭を押さえて注意しましょう。やってすぐに飼い主さんが毅然とした態度で叱れば、ウサギさんも「悪いことなんだ」とわかります。ウサギから人間にうつる病気もあるので、かまれてできた傷はすぐに消毒をして、もし傷口が腫れていたりしたら病院へ行って、診てもらいましょう。

またなかなかウサギさんのかみグセがおさまらない場合は、去勢・避妊手術を受けさせることを考えてもいいかもしれません（詳しくは86〜88ページ参照）。

思春期の悩み⑤

マウンティングをしつこくする

「独り身だからかわいそう」と甘やかさないで

交尾のときのように腰をフリフリする「マウンティング」。この行為は男のコに多く見られますが、女のコの中にもするコがいます。

「うちのコは独り身だからかわいそう……。別に悪いことじゃないから、やめさせなくてもいいんじゃない？」と思う飼い主さんもいるようです。自分の足でマウンティングをさせている飼い主さんもいるようですが、あまりよいことではありません。

マウンティングは「性行動」や「縄張り行動」の意味だけでなく、退屈してかまってほしいときにしてくることもあります。だから飼い主さんが反応すると、おもしろがってエスカレートしてしまうのです。そのままにしておくと、ウサギは自分がリーダーだと思い、どんどんわがままになってしまいます。

放っておくと、どんどんエスカレートする

マウンティングをやめさせるには…
相手をしない
アレ…
反応すると
エスカレートするので
絶対に相手にしない
ほかの遊びを十分させる
わ～い♪
おもちゃを与えるなど
して、違う遊びに気を
向けさせて

無視するのが一番効果的

マウンティングをやめさせるには、飼い主さんの足にまとわりついてきても、無視するのが一番。さりげなく足をどけて、ウサギから離れてみましょう。

無視されるとウサギさんはつまらないので、ほかの遊びに興味が移っていきます。

またケージの中にぬいぐるみなどを入れて、これにマウンティングすることは許してあげるという手もあります。気分がまぎれるように、ボールやかじり木など、ほかのおもちゃを与えてみてもいいでしょう。

あまりにも頻繁にマウンティングをする場合には、去勢・避妊をするというのも対処法のひとつです（詳しくは86～88ページ）。

思春期の悩み⑥

妊娠してないのに、毛をむしって出産準備?!

❝偽妊娠❞をするコは意外と多いので、適切な対処を

胸などの毛を抜いて、産室の準備をすることも

女のコの中には、妊娠していないのに妊婦ウサギさんがするような行動を始めるコがいます。これを❝偽妊娠《ぎにんしん》❞といいます。女のコどうしでマウンティングをしたり、生殖能力のない男のコと交尾した場合でも排卵が起こるので、偽妊娠は多くのメスで見られます。また、発情中に飼い主さんが背中をなでた時、お尻を上げて反応した後にも起きることがあります。

ウサギは妊娠すると胸やおなかなどの毛を口でむしり取り、赤ちゃんを産み、育てるための❝産室❞を準備します。偽妊娠したコは、せっせと自分の毛を抜いて、ケージの中に産室を作り始めますが、すぐに片付けましょう。むしった毛を飲みこんで❝毛球症❞を起こす危険があります（148～149ページ参照）。

偽妊娠はだいたい15～20日で治まるので、特にお医者さんでの治療は必要ありません。

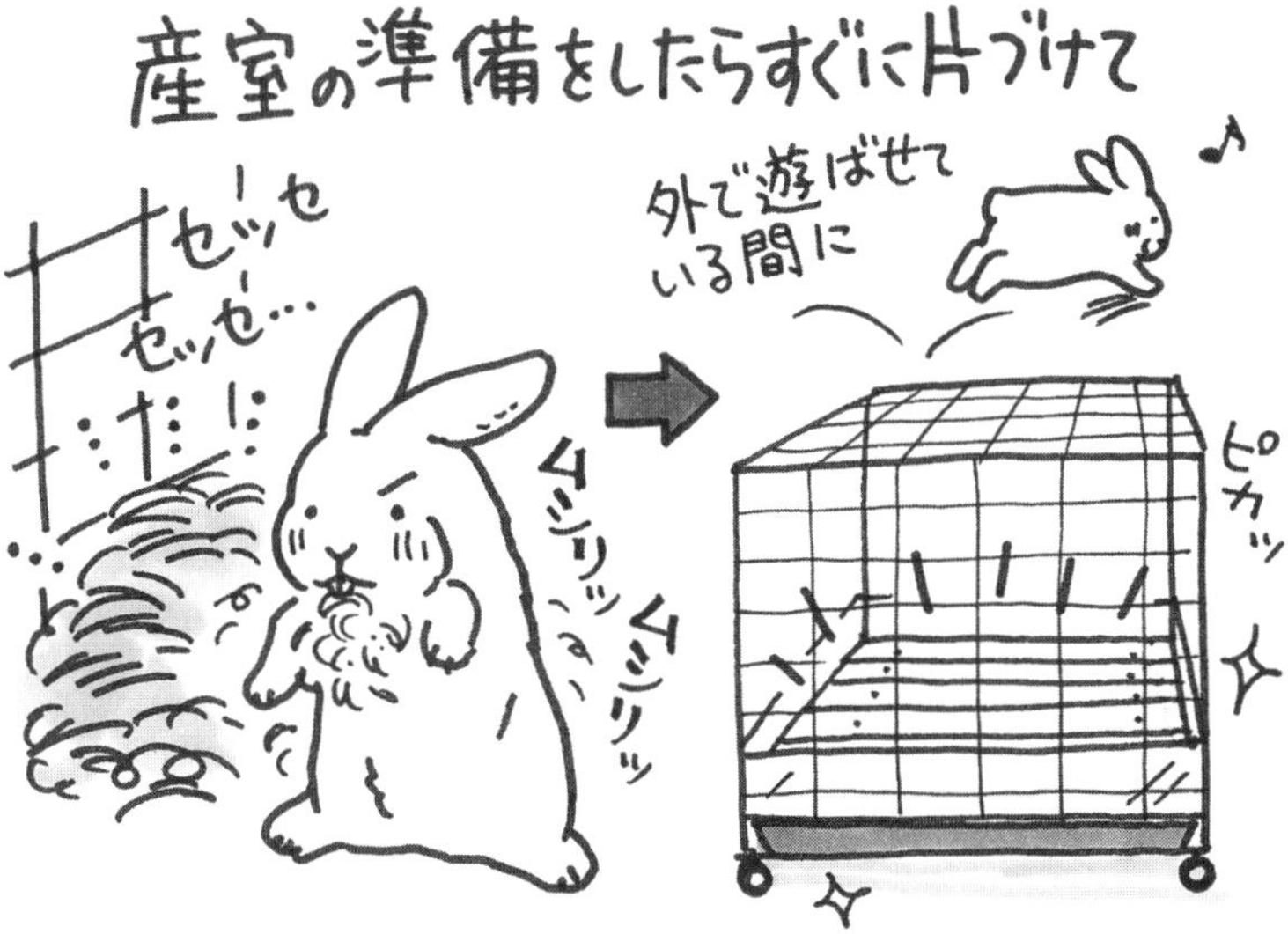
産室の準備をしたらすぐに片づけて
セッセ
セッセ…
ムシリッ
ムシリッ
外で遊ばせている間に
ピカッ

おっぱいが腫れたら、病院へ

　偽妊娠すると、神経質になったり、自分の持ち物、ケージの中のものなどに執着が強くなります。また自己主張が強くなり「ブーブー」と鳴いたり、飼い主さんに攻撃的になったりします。体のお手入れや抱っこなども、いやがることが多いようです。こんなときは、あまりウサギさんにかまわずに、そっとしておいてあげましょう。

　これらの症状は偽妊娠が終われば自然と治まりますが、繰り返し偽妊娠が起こると、母乳がたまっておっぱいが腫れてしまうことがあります。乳腺炎を起こしてしまう場合もあるので、こんなときは獣医さんの診察を受けましょう。

思春期の悩み⑦

困ってしまったら、去勢・避妊手術がいい?!

去勢・避妊をするかは、よく考えて決めて

手術のメリット・デメリットをしっかり比較検討して

ウサギさんはとても繁殖力の強い動物。交尾による刺激で排卵が起こる〝交尾刺激排卵動物〟です。性成熟するのも早く、女のコは生後3カ月くらい、男のコは生後5カ月くらいから生殖行動ができるようになります。

女のコは4〜17日の発情期と、1〜2日の休止期を1年中繰り返しています。ほとんどいつも発情しているといえます。男のコも、女のコの発情に合わせて、いつでも発情します。自然界では捕食動物であるウサギには、強い繁殖力が備わっているのです。だから性衝動と関係の深い「縄張り行動」への執着が強いのはしかたないことともいえます。

どこでもオシッコするスプレーやマウンティング、飼い主さんへのかみグセ……。こんなこまった行動が目立つ場合は、去勢・避妊手術を考えてもいいかもしれません。ただし「問

題行動が減る」といっても個体差があり、手術をしてもあまり変わらない場合もあります。
大きなメリットとしては、性別を問わず気性が穏やかになり、飼い主さんが扱いやすくなります（これも個体差がかなりありますが……）。女のコの場合、年をとってくると子宮の病気にかかりやすいのですが、避妊手術をしていれば、その心配もなくなります。

「手術へのアレルギー」があるときは、冷静に判断を

頭では去勢・避妊手術のメリットをわかっても、感覚的にどうしても抵抗感があるという飼い主さんもいるのではないでしょうか?

でも、そんなときはちょっと考え直してみてください。性衝動は本能なので、しつけだけではどうしても、おさまらない部分もあります。ペットとして飼われるウサギさんは、自然界とはかけ離れた環境におかれています。そこでどうしても抑えられない本能が強ければ、ストレスがたまってしまいます。またそんなウサギさんの姿を見ているのは、飼い主さんにとってもつらいものです。

ウサギさんと飼い主さんがよりよい関係を築いていくために、ベストな選択肢を見つける努力をしてみましょう。実際に手術を受けた先輩飼い主さんに話を聞いたり、主治医の先生に相談したりして、納得できる答えを見つけてくださいね。

手術を受けると決めたら、時期を見計らって

去勢・避妊手術を受けると決めたら、ベストな時期を選んで、早めに受けさせましょう。だいたい生後5カ月を過ぎれば手術できます。特に3～4カ月くらいですでに攻撃的な性格の片鱗が見える男のコの場合は、なるべく早く手術を受けたほうが飼いやすくなります。

手術は梅雨や夏の時期はなるべく避けたほうがいいでしょう。ジメジメした梅雨時や、暑さが厳しい夏は、健康状態のいいウサギさんでも体調を崩しがち。術後の体力の落ちたウサギさんには、酷なシーズンです。換毛期も体の毛を入れ替えるという一大イベントともいえる時期なので、避けたほうがいいでしょう。

また女のコの場合、おなかに脂肪がたまると、脂肪に隠れて血管が見えにくくなり、手術がしにくくなります。脂肪が少ない1歳くらいまでに手術をするのが理想的です。

術後にはウサギさんが体調を崩すこともあります。また手術の傷跡をいたずらしないように、カラーを首周りにつけることが多いようですが、このことで食糞（肛門に口をつけて、ブドウの房状のやわらかいフンを栄養補給のために食べること）がうまくできなくなることもあります。

獣医さんにどんなケアをしてあげたらいいかをよく聞いて、しっかり見てあげましょう。

Part 3

ブラッシング＆マッサージで体調チェック

体のお手入れ時間で
もっとなかよくなれる！

体のお手入れタイムが、一番のなかよし時間

体に触れ、よく見ることで病気の発見もできる

体のお手入れがキチンとされているかどうかは、ウサギさんをひと目見ただけでわかります。特にグルーミングをしているコとしていないコの違いは、歴然としています。ラビットショーなどで「なんて美しいウサギなんだろう！」と思うようなコは、実際毎日飼い主さんがグルーミングスプレーを使って、ていねいにブラッシングしてあげているからこそ美しいのです。

また体のお手入れを日頃からしてあげていると、ちょっとした体調の変化がすぐにわかります。左ページのチェックポイントを参考に、ウサギさんと触れ合いながら、しっかり体のチェックをしてあげましょう。

さらに毎日のお手入れタイムは、ウサギさんと飼い主さんのコミュニケーションを深める

ウサギさんの体のチェックポイント

目
目ヤニがたくさん出ていない？
フチが赤くなっていない？
はれぼったくない？
涙は出ていない？
耳
かゆがったり、中が汚れていない？
おしり
下痢などで汚れていない？
口
前歯が伸びすぎたり、よだれが多く出ていない？
皮膚
カサカサしてフケが出たり、赤くなっていない？
足の裏
毛がはげたり、皮膚が露出していない？
おなか
張ったり、しこりがあったりしない？

のに役立ちます。「グルーミング中はじっとしていてね」などと、飼い主さんがウサギさんにしつけをすることで、よりよい関係が築けるようになっていくのです。

小さい頃からの習慣づけが大事

ウサギの中には、体に触られるのが苦手なコも多いもの。子ウサギのうちから体の手入れを習慣にしておけば、スムーズにできます。ブラッシングをいやがるコには、やさしくなでることから始めて「触られるのは、気持ちいいことなんだよ」と教えてあげましょう。

またウサギさんがいやがるからといって、やめてしまってはダメ。やらなくてはいけないことはやるという、毅然とした飼い主さんの態度も大事です。

ウサが思わず目を細めちゃう、極上のブラッシング術をマスター

毛質に合ったブラシやクシで、やさしくお手入れを

「ブラッシングを一度もしたことがない」という飼い主さんは意外と多いようですが、ウサギの健康管理のためにも、ブラッシングは欠かせません。ぜひ毎日の習慣にしましょう。
ブラッシングを怠けていると、ウサギさんが毛づくろいをするときにたくさんの抜け毛を飲み込み、うっ滞を起こすことも（詳しくは１４８〜１４９ページ参照）。また、毛や地肌に汚れがたまっていると皮膚病の原因にもなります。

人間の健康のためにも、ブラッシングは不可欠です。ウサギさんの抜け毛やフケなどは、人間のアレルギーの原因になることがあります。ブラッシングや爪切りのときには、抜け毛がついたり、ウサギさんにひっかかれてしまうこともあるので、専用のエプロン&長袖（もしくはサポーター着用）の「グルーミングウェア」を用意しておくと便利です。ウサギさ

これがあればOK！　ブラッシンググッズ

短毛種用

●短毛種用ラバーブラシ

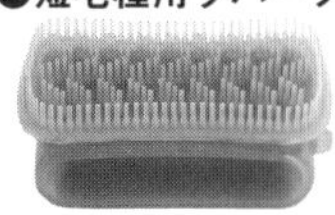

●ラバースリッカーブラシ

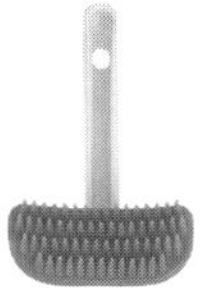

長毛種用

●両目ぐし

●静電気防止スプレー

両方に役立つもの

●グルーミングスプレー

●仕上げブラシ

●スリッカーブラシ

●デリケートコーム

んも「飼い主さんがこの服装になったらグルーミングタイムだ」と理解し、スムーズにお手入れできるようになりますよ。

思春期以降のウサギさんは、自分の縄張りでブラッシングをされるのをいやがることがあります。いつも過ごしているのと別の部屋で行うといいでしょう。安全のため、低い椅子に座り、ひざの上で行うことをおすすめします。

ウサギは自然のサイクルに従って、春と秋に「換毛期」を迎えます。でも室内飼いの場合は、年間を通して気温差が少ないため換毛期が不定期になりがちです。春や秋には抜け毛が増えますが、この時期以外もブラッシングを欠かさないでください。

だいたい週1回を目安に、ブラッシングを習慣にするといいでしょう。

長毛種のブラッシングの手順&コツ

①静電気防止スプレーをかける

ウサギをひざの上に抱っこして、静電気防止スプレーを手につけてなじませる。

②両目ぐしをかける

目の粗いほう→細かいほうの順で、両目ぐしをかける。おしりの周辺は毛が絡みやすいので、持ち上げるようにして中にくしが入るようにする。おしり→首、右半身→左半身→真ん中の順に行う。

③デリケートコームをかける

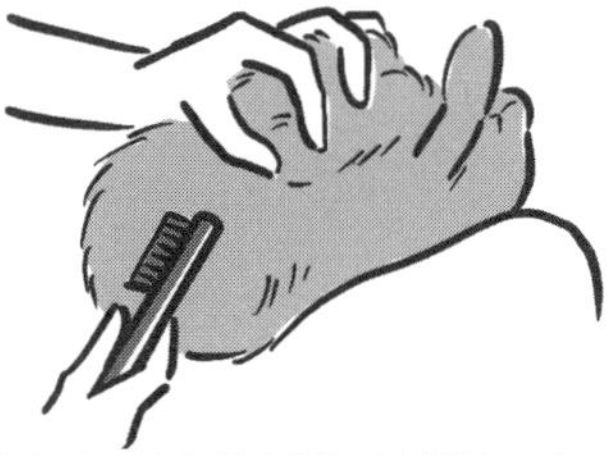

おしりのまわりの汚れをデリケートコームで取る。

④スリッカーブラシで抜け毛をかき取る

グルーミングスプレーをかけてから、スリッカーブラシを使い、抜け毛をかき取っていく。根元からかけないと逆毛になってしまうので、皮膚を傷つけないように気をつけながら、しっかりかける。

⑤仕上げブラシをかける

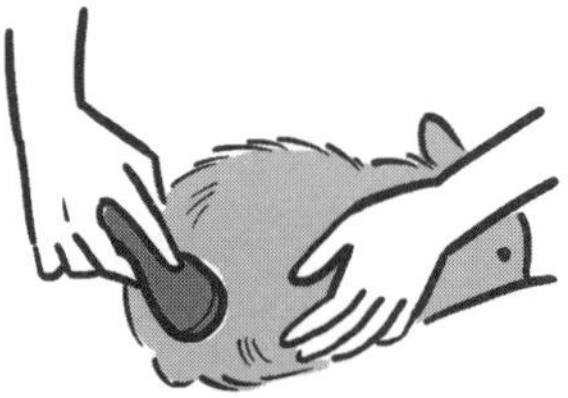

最後に毛の流れに沿って、仕上げブラシをかける。

短毛種のブラッシングの手順＆コツ

①グルーミングスプレーをかけて、なじませる

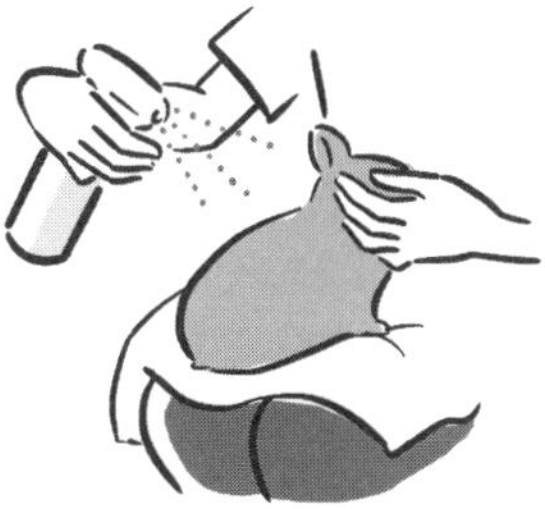

ウサギをひざの上に抱っこして、静電気防止スプレーをかける。手につけてなじませてもOK。体全体になじませながら、ハンドグルーミングで抜け毛を取る。

②スリッカーブラシをかける

皮膚を傷つけないように気をつけながら、スリッカーブラシで抜け毛をかき取る。おしりの毛を持ち上げて、ブラシをかける。手で皮膚を押さえて、やさしくブラッシングを。

③ラバーブラシで浮いた毛を取る

ラバーブラシで、表面に浮いている毛を取り除いていく。おしり→首の順で、右半身→左半身→真ん中部分の順にかけていく。

④仕上げブラシをかける

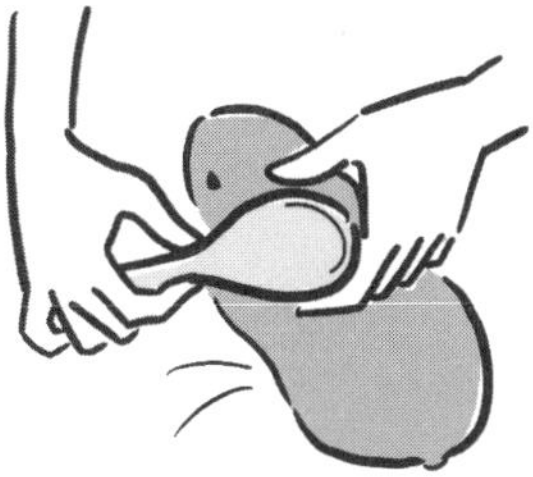

仕上げに毛の流れに沿って、豚毛ブラシを右半身→左半身→真ん中の順にかけていく。首まわりや顔は、無理にしなくてOK。ただし頭に毛が多い場合は、豚毛のブラシで整えてあげて。

爪切りや耳掃除をさせてくれれば、飼い主さん合格です

使い勝手のいいグッズで、手際よくお手入れを

子ウサギのうちから爪切りや耳掃除を習慣にしておくことが大事ですが、お手入れのとき痛い思いをしたりすると、ウサギさんは〝お手入れぎらい〟になってしまいます。専用の爪切りやイヤークリーナーなどを使って、手際よくお手入れしてあげましょう。

また不安定な姿勢でお手入れをしていると、ウサギさんが逃げ出そうとしたとき、思わぬケガをすることも。体のお手入れを上手にするキーポイントは、飼い主さんとウサギの信頼関係。日頃から体に触れ、抱っこに慣らしておくことが、とても大切なのです。好きなおやつをごほうびに使うと、ウサギさんのモチベーションが上がります。

自分でうまくできない時は、ウサギ専門店などのグルーミングサービスを活用するといいでしょう。

爪切りのポイント
慣れてくるまでは2人1組でやると安心！
血管を切らないように注意！
血管から2~3mm先

爪切りは「1日1本」でもOK

野生のウサギは野山を走り回るうちに自然と爪が短くなりますが、室内飼いの場合はそうもいきません。伸びていたら切ってあげて。爪切りは小さな「ハサミ型爪切り」が使いやすくておススメです。切り過ぎて出血したときのために「止血剤」も用意しておくと安心です。

①安心できる場所でしっかり抱える

爪切りをするときは、ウサギが安心できるポジションを確保しましょう。ひざの上に抱っこして、軽く抱え込むようにして体を安定させましょう。慣れるまでは二人一組で、一人がひざの上でウサギさんを抱っこしてわきに顔を挟んで目隠しして、もう一人が爪切りをする方法がおすすめです。

②指を広げて、血管の位置を確認しながら切る

ウサギの爪には神経や血管が通っているので、上のイ

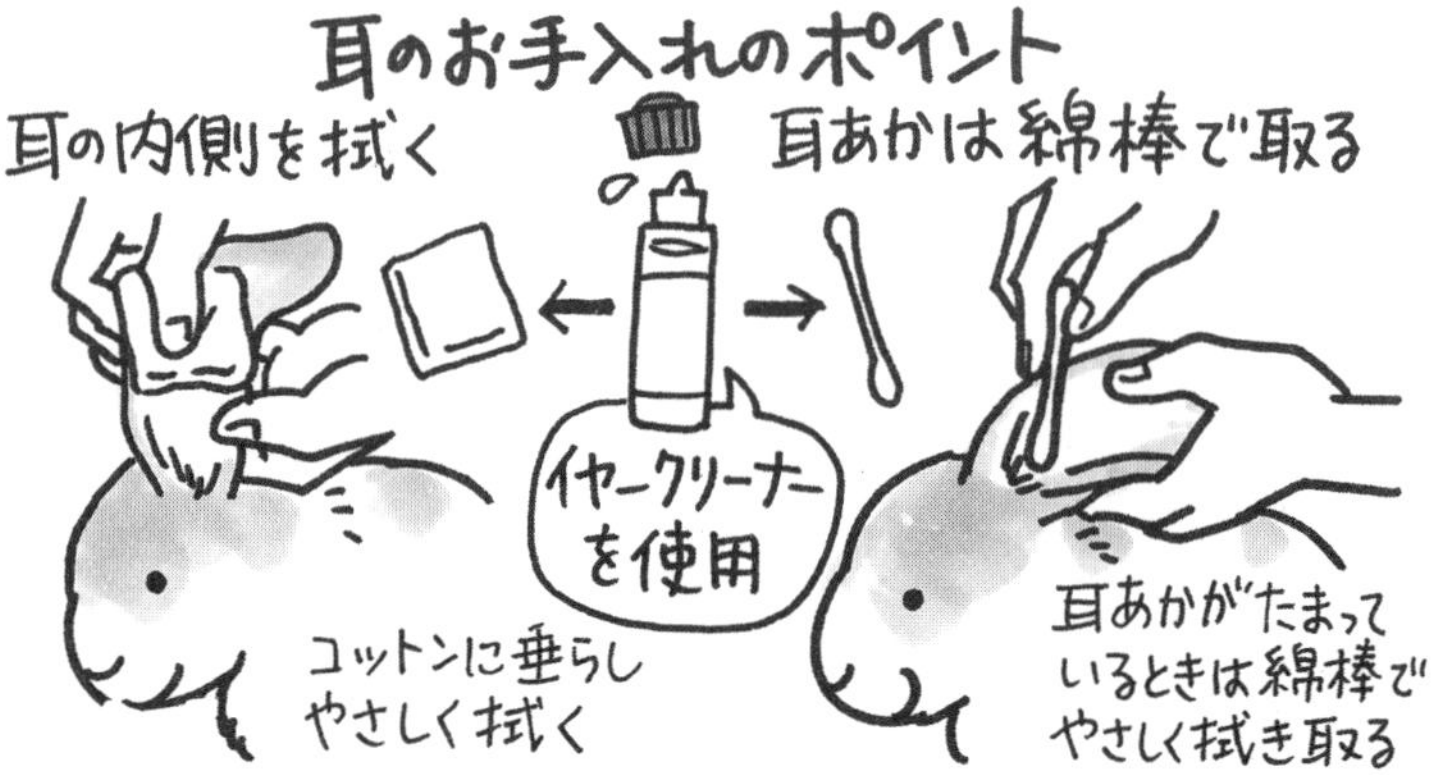
耳のお手入れのポイント
耳の内側を拭く
耳あかは綿棒で取る
イヤークリーナーを使用
コットンに垂らし
やさしく拭く
耳あかがたまっているときは綿棒でやさしく拭き取る

ラストを参照して、血管の位置を確認して切りましょう。爪の色が濃い場合は懐中電灯で透かすとよくわかります。先の尖った部分を切るだけでもかまいません。切りすぎて出血したら、ウサギ用の止血剤を使います。

③どうしてもいやがったら、無理しないで

ウサギさんが途中で暴れそうになったら、無理しないで。すべての爪を一度に切るのはけっこう時間がかかるので、一回に1～2本ずつでもかまいません。

耳掃除にはイヤークリーナーが便利

耳の汚れはちょっと見ただけでは気づかないこともあるので、ブラッシングのときに、耳の中が汚れていないか、耳あかがたまっていないかをチェックしましょう。

「垂れ耳のコは耳の中が蒸れて汚れやすい」という説もありますが、そんなことはありません。個体差があるので、汚れやすいコとそうでもないコがいます。

●耳の内側を拭く

耳の中を拭くときは、イヤークリーナーをコットンに垂らし、やさしく拭いてあげて。刺激が少ないイヤークリーナーは皮膚が敏感なウサギさんにも安心です。グルーミングスプレーか水を使ってもかまいません。

●耳あかを取る

耳あかがたまっているときは、イヤークリーナーをつけた綿棒でやさしく拭き取ります。「ペット用綿棒」なら、綿の部分が直径約1cmもあるので、耳の奥に入り込む心配がありません。なお耳あかが非常に多かったり、いやなニオイがするときなどは病気の可能性が。獣医さんに連れていきましょう。

目が汚れていたら、キレイに拭いてあげて

ウサギさんは自分で毛づくろいをしているときに目ヤニを取ってしまうことが多いのですが、取れない場合は飼い主さんがキレイにしてあげましょう。

ウエットティッシュや水で濡らしたコットンを使ってもいいのですが、動物用の目の洗浄液を使うのがおすすめ。コットンにつけて、やさしく拭き取りましょう。目の中にゴミが入っていたら、洗浄液で洗い流してあげて。無理にゴミを取るのはやめましょう。

ウサが大喜び！　やさしいタッチの魔法のマッサージを

やさしいタッチで、心地よいマッサージを

体の疲れと心の緊張をほぐすマッサージは、ウサギさんにとっても心地よいもの。触られることに慣れてきたコなら、マッサージをしてあげるのもいいでしょう。

ウサギさんは頭や背中などをなでられるのが大好き。また自分でよく身づくろいしている耳や耳の付け根、下あごや首のまわりなどは、刺激されると気持ちいいようです。マッサージの基本は「ウサギが気持ちいいと思う場所をやさしくタッチしてあげる」こと。それぞれのウサギさんで、触られて気持ちいい場所も微妙に違うので、様子を見ながら無理なくやりましょう。

またタイミングも大切です。あなたの近くに「遊んで！」とやってきたときや、体のチェックのついでにしてあげるのがコツです。

耳のつけ根は
喜ぶコが多い

下あごのまわりも
気持ちいい!!

ウサギの表情を見ながら、力加減を

マッサージは頭から始めて、首、背中の順に毛の流れに沿ってしていくのがおすすめ。強く押したり、もみほぐすのではなく、指先をウサギの体にやさしくあて、なでるようにマッサージしていきましょう。ウサギさんの表情を見ながら、力加減を調節してあげてください。

柔らかくてフワフワしたウサギさんの体をマッサージしていると、飼い主さんも癒されている気分になれます。

耳のつけ根や下あごのまわりなどは、ウサギさんが特に喜ぶ部分。指先でやさしくもんであげて。前足や後ろ足の指の間も、慣れてくると気持ちいい部分。爪の伸び具合をチェックしながら、軽くもんであげましょう。

いやがる場所があったら無理にマッサージしないで。触ってみて腫れていたり、しこりがあるようなときは、獣医さんにすぐに相談しましょう。

いたずらっ子には、「ストレス発散」になる環境を作ってあげて

「こまったちゃん」の背景には、何かしら原因がある

「うちのコったら、ケージをガジガジしてばかり。歯が痛くならないか心配……」
「部屋の中に出すと、じゅうたんを掘るのでお気に入りのじゅうたんがボロボロ。やめさせる方法はありませんか？」

ウサギさんのいたずらにほとほと参っている飼い主さんは、多いようです。かわいい顔をして、けっこうパワーもあるのでビックリします。でも、あなたの家のコが「こまったちゃん」になるのには、きっと何かしらの原因があるはずです。

ウサギにはモノをかじる、穴を掘るなどの本能があります。ケージをかじったり、じゅうたんを掘るのは、その本能に基づいた行動。「やめなさい！」と繰り返し注意してもなかなかおさまりません。だったらそんな行動をしなくなるように、住環境を整えたり、代わりに

かじるのが好きなコには こんな対応を
かじり木
牧草
など
カジ
カジ
かじっていい
おもちゃなどを与える
板
ケージをかじる場合は
板でガード

なる楽しい遊びを提供してあげたほうがいいのです。そのほうが、飼い主さんにもウサギさんにもストレスがたまりません。「本能を満たす遊び」を提供してあげることをおすすめします。

「かじっていいおもちゃ」を用意

ウサギさんは、かじるのが大好き。退屈して遊んでほしいときなど、ケージをかじることがよくあります。いくらじょうぶな歯でも、金網をかじると歯を傷めてしまいます。不正咬合《ふせいこうごう》の原因になることもあります。

まずはかじっても、ケージから出さないで。「かじるとかまってもらえるんだ」とウサギさんが思い込むと、ますますエスカレートすることもあります。無視するのが一番です。でも歯を傷める心配があるので、ウサギがかじりそうな部分は木の板などでガードしましょう。ケージに取り付けできるタイプのかじり木もあるので、これを利用する

かじるコにおすすめのおもちゃ

バナナの茎でできたかじるおもちゃ

バナナの茎を編み込んで作ったバナナのたこ足。かじって、食べて、転がして、ウサギさんも大喜び。

ケージの扉に取り付けられるかじり木

ケージの扉をかむクセがあるウサギさんに最適な木製フェンス。天然木を竹ピンで組み合わせています。

のも手です。

またウサギさんがモノをかじるのは、歯の伸び過ぎを防止するための行動でもあります。だから何が何でも「かんじゃダメ！」と禁止令を出してしまうのは、ちょっと気の毒。かじっていいおもちゃをケージの中に入れてあげるとストレスが発散できて、ケージをかじらなくなることもあります。

かじっていくうちに壊れるかじり木や、中に入ったり上に乗ったりしながらかじれる牧草で作られたおもちゃなどは、体にも安全です。中には、気に入って長時間これで遊ぶようになるコもいます。

掘るクセのあるコには、遊びの工夫を

野生のノウサギは土の中に穴を掘って、巣を作って生活します。だから掘る本能は、ペットのウサギさんたちにも残っています。でも家のじゅうたんを掘るのは、こまりま

掘りたいコにおすすめのおもちゃ

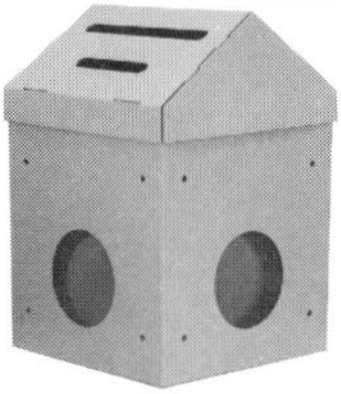

段ボール製の穴掘り用ハウス

ウサギの掘りたい欲求を満たす段ボール製のおもちゃ。しらかばチップを中に入れて、思う存分掘って遊ぶことができます。

牧草でできたマット状のおもちゃ

床に置けば掘って楽しめ、ケージ側面にセットすればシャカシャカしたり引っぱったりして遊べます。中におやつを隠して、ウサギさんに探させてあげるのもおすすめ。

す。じゅうたんがボロボロになるだけでなく、ループの長いじゅうたんなどはウサギさんの爪を傷める原因になりますし、ほつれた繊維を飲み込むと、おなかに詰まってしまうおそれもあります。

まずはケージから出すときは、毛足の短いカーペットの上など掘りにくい環境で放してあげて。また牧草でできたマット状のおもちゃなどをケージに入れてあげると、これを掘って退屈しのぎになるようです。ウサギは個体差が大きいので見向きもしないコもいるかもしれませんが、気に入ればずいぶん遊びがいがあるはずです。

大きめの段ボール箱の中に木のチップなどを入れて、ウサギさんが掘ることを存分に楽しませてあげるのもおすすめです。本能的な行動はしつけで矯正できない部分もあるので、時には思いっきりやらせてあげるのもストレス解消になります。本来のその動物の姿を見るというのも、動物を飼う醍醐味ではないでしょうか。

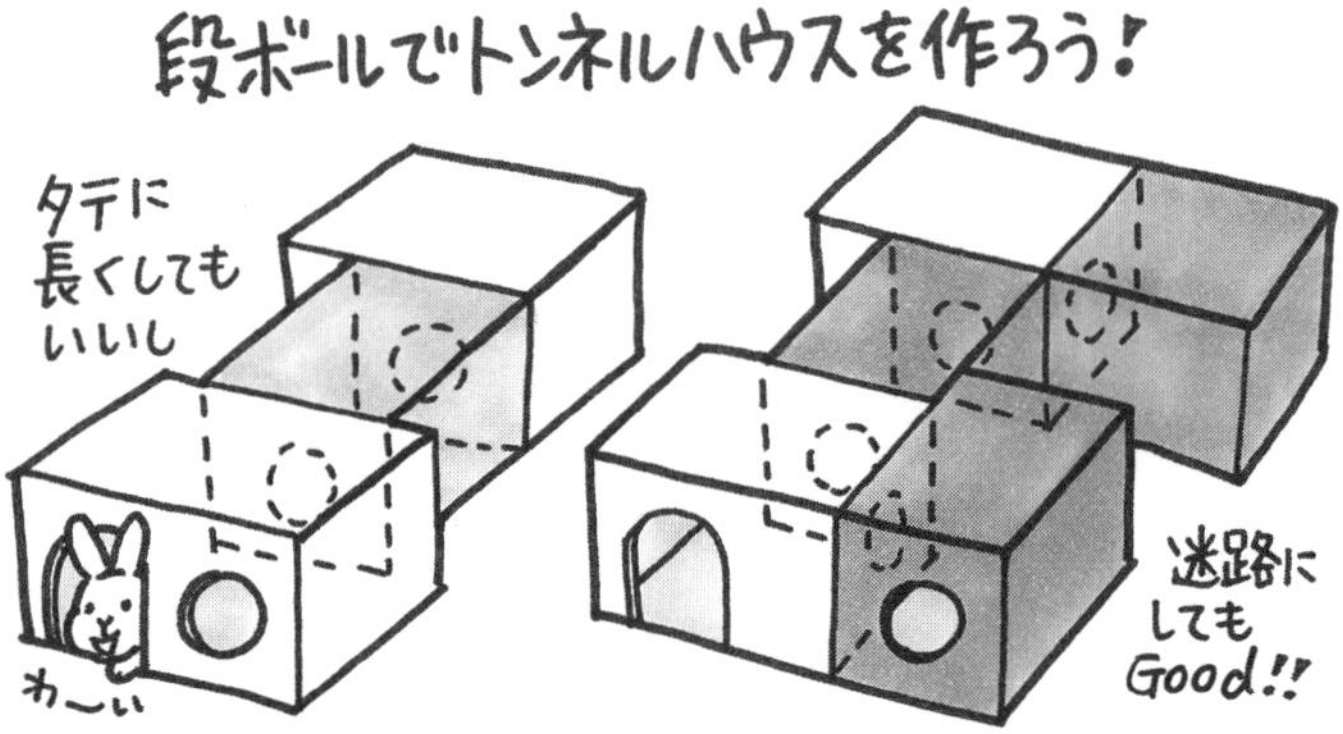
段ボールでトンネルハウスを作ろう！
タテに
長くしても
いいし
カ〜い
迷路に
しても
Good!!

手作りのおもちゃで楽しいひとときを

ウサギさんは、狭いところに入り込むのが大好き。かじったり潜り込んだりと、いろいろな遊びを満足させてあげる簡単な手作りおもちゃもおすすめです。

段ボールを使ったトンネルは、作り方も遊び方もシンプル。同じサイズの段ボール箱をいくつか用意して、入口と出口になるように2カ所に穴を丸く開けます。あとは段ボールを長いトンネルになるようにヨコに並べてもいいですし、迷路感覚で遊べるようにコの字型にしてもOK。箱を上下につなげて、2階に上がれるようにしても楽しいですよ。

箱と箱をつなげた壁になる部分も、ウサギが通れるように穴を開けます。穴の大きさは、ウサギがギリギリ通り抜けられるくらいが目安です。

手作りおもちゃなら、ウサギさんの体の大きさや運動量に応じてアレンジできるので、楽しさが広がります。

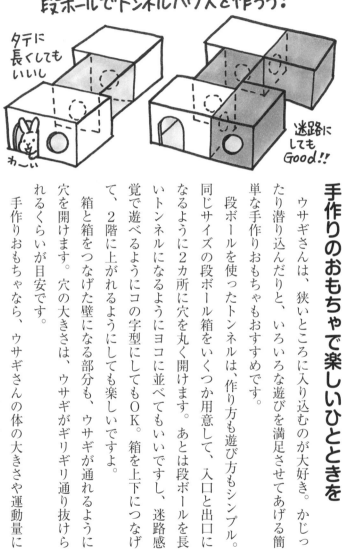

遊ぼ！　遊ぼ！「自由遊び」で運動不足もストレスも解消です！

運動不足&ストレス解消には自由遊びを

ケージの中だけで過ごしていると、ウサギさんは運動不足になってしまいます。ストレス解消のためにも1日1回を目安に、ケージから出して運動させてあげましょう。

運動といっても、特別なことをする必要はありません。走り回ったり、ジャンプしたり、ウサギさんがしたいように運動させてあげればOKです。

遊ばせる場所は部屋を決めておいて、その部屋だけにするのがポイント。どの部屋で遊んでもいいんだと思ってしまうと、縄張り拡張の本能が強いウサギさんは、あちこち探検してしまうので、飼い主さんの目が届かなくなってしまいます。また、広い場所に出ると興奮しがちな思春期のウサギさんなどは、サークルで遊べる範囲を区切って、その中で遊ばせましょう。なおトイレのしつけがしっかりできるまでは、部屋に放して遊ばせるのは控えましょう。

自由遊びが楽しくなるおもちゃ

木でできたハウス

中に潜ったり、上に登ったり、いくつかつなげれば遊びのバリエーションが豊富になります。

牧草でできたボール

牧草で編んだ食べておいしい鈴入りボール。鼻で転がしたり、蹴飛ばしたり、いろいろな遊び方ができます。

遊ぶ時間は、ウサギの様子で決めて

自由遊びの時間が長くなりすぎると、ウサギさんは興奮したり、疲れてしまったりします。だいたい30分から長くても2時間以内を目安に遊ばせてあげて。

ただ走り回ったりするだけでも運動になりますが、段ボールで作ったトンネルや迷路、市販のおもちゃなどを使うと、遊びのバリエーションが広がります。登ったり隠れたりできる木製のハウスなどは、好きなコが多いようです。ボールを転がしたり、口でくわえて投げたりするのが好きなコもいます。ただしおもちゃへの興味は個体差があります。遊ばなくても、がっかりしないで。いろいろなおもちゃを与えてみましょう。

元気にあちこち探検していたのに、あまり動かなくなったら「疲れた」というサイン。無理に遊びを続けさせないで、ケージに戻して休ませてあげましょう。

危険な場所はしっかりガード

ケージから出して遊ばせるときに気をつけたいのが、室内の危険物。人間が暮らす部屋は、ウサギさんにとって危険がいっぱい。広いスペースに出てウキウキしているウサギたちは、雑誌や新聞、ティッシュなどの紙類、電気コードから家具や柱、観葉植物など、とにかく好奇心にまかせて何でもかじってしまいます。ウサギを遊ばせる部屋はなるべく危険なものがないように、片付けておきましょう。

とはいうものの、電気コードや家具など片付けられないものもあります。そんな部分は、かじれないようにガードしておいて。電気コードはかじると感電ややけどするおそれがあるので、コード保護チューブを巻いておくと安心です。コンセント部分も危険なので、市販の保護カバーをかぶせておきましょう。

入ってほしくない部屋や、ベランダへの侵入を防ぐには、金網などでガードしておくのがおすすめです。ガーデニング用の柵を使ってもいいでしょう。伸縮性のあるものなら、ふさぎたい部分の幅に合わせられて便利です。

これらの安全対策グッズは、１００円ショップでも手に入ります。お金をかけなくても、さまざまなアイデアでウサギの安全を守ることができるのです。

憧れの「うさんぽ」デビュー！時間帯と安全な場所をきちんと選んでね

「うさんぽデビュー」は5～6カ月くらいから

「ウサギさんをお外で遊ばせてあげたい！」と思っている飼い主さんは、たくさんいるようです。ウサギさんをお外に連れ出してあげることを、ウサギ好きの飼い主さんたちは「うさんぽ（うさぎのお散歩の略）」と呼んでいるようですが、うさんぽにはさまざまな注意が必要です。うさんぽは犬の散歩のようにリードをつけて外を歩かせるのではなく、目的地まではキャリーケースで運び、安全な場所で遊ばせてあげるのが一般的です。

「うさんぽデビュー」させるのは、飼い主さんとのコミュニケーションがある程度とれるようになって、体もしっかりしてくる生後5～6カ月くらいからがベストです。抱っこのしつけができていないうちは、うさんぽは控えておきましょう。また、うさんぽは絶対に必要なことではありません。無理して行わなくてＯＫです。

安全に楽しくうさんぽするための「3つの約束」

うさんぽをするとき、まず考えなくてはいけないことは、外の世界はウサギさんにとってとても危険であることです。飼い主さんが「しっかり安全を守ってあげるんだ」という気持ちが、とても大切です。

そこで安全にうさんぽを楽しむための「3つの約束」を提案したいと思います。

約束① うさんぽ中は安全を最優先に、時間帯もよく選んで

うさんぽの目的地には、ウサギさんが安心して遊べる場所を選びましょう。自然の豊かな公園などがベストです。

また目的地までのコースの安全もしっかり確認を。犬の散歩が多くない？　野良猫はいない？　カラスやトンビなどの鳥類も、ウサギにとっては危険な動物です。車の多い場所がないかもチェックしておきましょう。お散歩中に緑が多い場所へ行くと、ウサギさんは生えている草などを食べることがあります。交通量が多く排気ガスの影響が大きいような場所や、除草剤が撒かれているような場所の野草は食べると危険です。気をつけて。

また夏の暑い時間帯や、冬ならば朝夕の冷え込む時間帯は避けて、快適に出かけられるときを選びましょう。

うさんぽ中には、子どもなどが興味を示して近寄ってくることがあります。子どもは思わぬ行動をすることがあるので、ウサギが驚いてしまうことも。特に「抱っこさせて」といわれても、慣れていないと落とす危険がありますし、ウサギが興奮してかみついたら大変です。飼い主さんが抱っこしたまま、なでさせてあげる程度にとどめましょう。

約束② キャリーケース、リード&ハーネスは必需品

散歩へ出かけるときは、目的地まではキャリーケースに入れて連れて行き、安全に遊べる公園などに着いたらハーネスとリードをつけた状態で放すようにしましょう。ウサギは急に走り出すこともあるので、安全確保のためにハーネスとリードは欠かせません。

まずはおうちでリードとハーネスに慣らす練習をしておきましょう。リードを選ぶときは、体にしっかりと装着できるハーネス付きのものがおすすめです。

ハーネスの装着はひざの上抱っこをしっかりした状態で行い、バックルを調節してウサギさんが苦しくないようにしてあげます。ただし、ゆるいとウサギさんの体が抜けてしまうので、「ゆるすぎず、きつすぎず」の状態がベストです。上手につけることができたら、おやつなどをあげて、たくさんほめてあげましょう。また部屋の中でリードで引かれることに慣らしておくと、お散歩先であわてなくてすみます。どうしてもハーネスをつけるのをいやがるコは、サークルなどで範囲を決めて、その中で自由遊びをさせるようにして。

うさんぽにおすすめのリード＆ハーネス

ハーネスには前足を通して背中で締めるタイプや、首を通しておなかで締めるタイプなどもありますが、おすすめはベストタイプです。

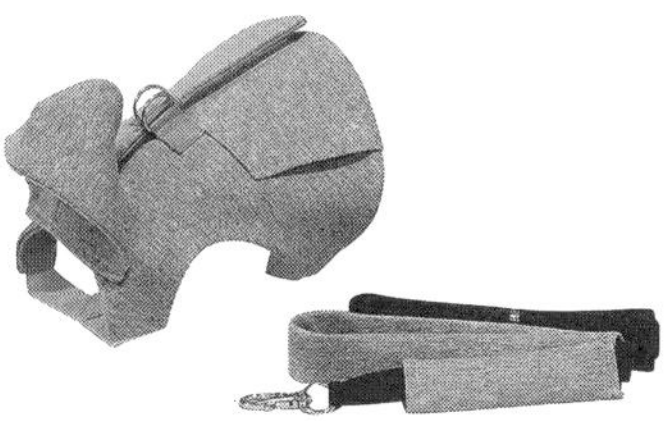

オープンハーネス

ハーネスが苦手なウサギさんでも簡単に、安全に着ることができます。ハーネスに前足を入れてから背中側で留めるため、着脱のストレスが少ないです。

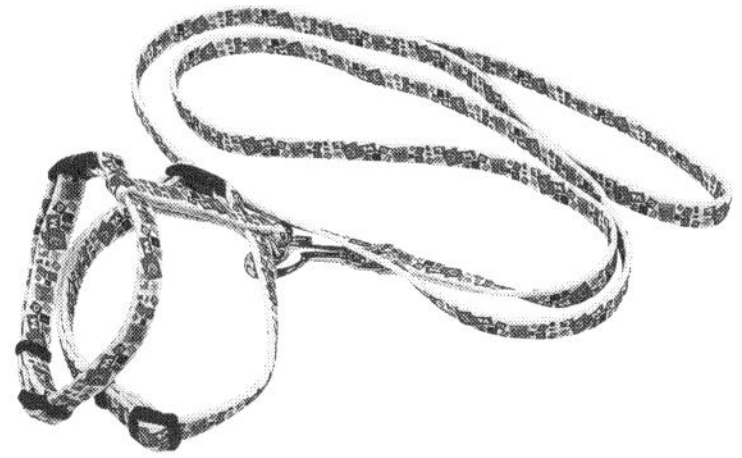

ヒモ式のハーネス

胴部分にリードを付けるため、首をしめることもなく、負担が少なく、外れにくいです。運動させるときなど、動きの多いときに適しています。

約束③ 帰ってきたら、体のお手入れを

帰ってきたら、土やホコリはもちろん、ノミやダニなどの寄生虫がついていることもあるので、しっかり体のお手入れをしましょう。

まずは足の裏など汚れた部分を濡れタオルでよく拭いてあげて。さらにブラッシングをして、毛の中に入り込んだ汚れをきれいにします。ウサギさんが家の中に寄生虫を持ち込んでしまうと、どんどん増えてしまいます。グルーミングスプレーを使うと、汚れが取れやすくなるうえ、雑菌から肌を守る作用もあります。

犬やネコ用のノミ取りスプレーを使っている人もいるようですが、体の小さなウサギさんには強すぎます。ノミやダニがついてしまったら、獣医さんに相談しましょう。

乗り物で外出もバッチリ！キャリーケースはどんなのがいい？

自分の縄張りを守ってあげれば、不安を感じない

獣医さんへの通院など、お出かけするときはキャリーケースを利用しましょう。

最初は家の中でキャリーケースに慣れる練習をしておくといいでしょう。好きなおやつや牧草をキャリーの中で食べさせるのもいい方法です。キャリーケースは、外出先でウサギさんが安心してくつろげる縄張り。「キャリーケース＝安全な場所」と小さい頃から教えてあげることが大事です。最初は10分くらいの短い外出から始め、少しずつ時間を長くしていくのがポイントです。

キャリーケースは、ウサギの大きさやお出かけの目的に応じて選びましょう。長時間のお出かけには居住性のいいプラスチック製がおすすめです。短時間の外出なら布製のキャリーでもOK。ただし暑いときは熱がこもりやすいので、注意して。

目的別　おススメのキャリーケース

長時間のお出かけには―プラスチック製キャリー

下網があるので排泄物が下に落ち、衛生的。給水ボトルやフード入れも固定できます。

短時間のお出かけには―布製キャリー

ウサギにファスナーが接しにくく、閉めやすいリュック型のキャリー。床が傾きにくい水平構造になっています。

移動中は温度管理に十分注意を

車で移動するときは、直射日光やエアコンの風が当たらないように注意して。キャリーケースは後部座席に置き、ときどき中の様子を見るようにしましょう。停車したら、水を飲ませてあげましょう。電車やバスではキャリーを手荷物として持ち込めることが多いようです。ただし別料金がかかることもあるので、事前に確認を。

ウサギさんは暑さや寒さに弱いので、移動中の温度管理はしっかりと。夏はできるだけ涼しい時間帯に移動し、保冷剤をタオルにくるんでキャリーの中に入れるなど、涼しく過ごせる工夫をしましょう。また車での移動の場合は、車内のエアコンを切った状態で短時間でも置き去りにすると、熱中症になる危険があります。絶対にやめましょう。冬はタオルや毛布をかけたり、使い捨てカイロを使って暖かくしてあげて。

暑い夏、寒い冬を、飼い主さんと一緒に乗り切るコツ

ウサギさんは特に暑さとジメジメした気候に弱い

ウサギさんは急激な温度や湿度の変化に敏感。特に暑さや湿気の多いジメジメした気候には弱いので、年間を通して快適に過ごせる環境を整えてあげる必要があります。デリケートな動物ですが、意外と環境に適応できる能力も持ち合わせています。あまり神経質にならず、あなたのおうちの中でベストな環境を作ってあげれば大丈夫です。

一番避けたいのが、急に暑くなったり、寒くなったりという寒暖の差です。特に梅雨時などは急に暑くなることもあるし、夏の昼間、ひとりでお留守番することが多いウサギさんなどの場合は、人間がいない時間帯、その部屋がどれぐらいの暑さになっているのか？　エアコンを入れた場合、風がケージを直撃したりしていないか？　など、細かい部分まで見てあげることが大事です。

おすすめの暑さ対策グッズ

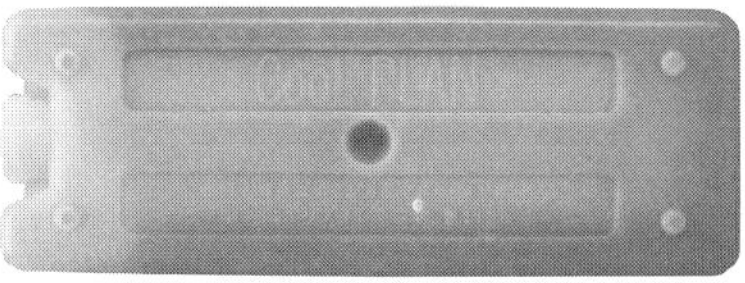

アルミプレート

特別なアルミ製で、放熱作用がとても高いです。ケージの中に部分的に入れてあげるのがおすすめ。

ペット用保冷剤

冷凍庫で冷やし固めて使います。長時間の保冷効果があるので、ケージの上に置いたり、キャリーのポケットに入れたりといろいろな使い方が可能。

夏は風通しのよさがポイント

高温多湿な日本の梅雨時から夏にかけては、毛皮を着込んだウサギさんにはつらい季節。まずは日陰で風通しのいい場所にケージを置くようにして。多少気温が高くても、空気の流れがあると体感温度は低くなります。

室温はエアコンを使って調節を。冷房だと冷えすぎてしまう場合は、ドライモードで除湿して、扇風機で空気の流れを作ってあげると快適です。ペットボトルを凍らせたものや保冷剤をケージの近くに置くのもいい方法です。中に入れる場合は、水滴がウサギさんにつかないように、また冷えすぎないようにタオルなどを巻いて入れましょう。

ウサギは体温調節が得意ではありません。ロ呼吸をほとんどしないので、体温が上がったときは耳と体を広げることで表面積を増やして放熱します。だから暑い夏の時期は、十分に伸びができる広さをケージの中に確保してあげて。アルミ製のプレートを置いて、暑くなったら体を冷やせる場所を作っておくとさらにいいでしょう。部分的に冷たくない場所も作っておくと、ウサギさんが自分で温度調節ができます。

特別なアルミでできたプレートは、ウサギの体温を瞬時に吸収して、外部に放熱します。ウサギさんが乗り続けていても、ひんやりとした感触は変わりません。ウサギが警戒してプレートの上に乗らないときは、牧草を上に敷いてカモフラージュしてみましょう。警戒していたコも何かの拍子で上に乗って、気持ちよさに気づくかもしれません。フード入れの近くなど、乗る機会が多そうな場所にさりげなく敷いておいてもいいでしょう。

またケージの側面につけて使うミニ扇風機も、風通しをよくするのに便利です。クッションタイプの羽根を使っているものなら、万が一ウサギさんがいたずらしても安全です。

冬の寒い夜には、ペットヒーターなどで温かく

夏の暑さほどではありませんが、寒い冬の夜なども温度管理には気をつけたいもの。特に子ウサギや病気のウサギ、年をとったウサギは注意が必要です。まずは外気が入るドアの近

おすすめの寒さ対策グッズ

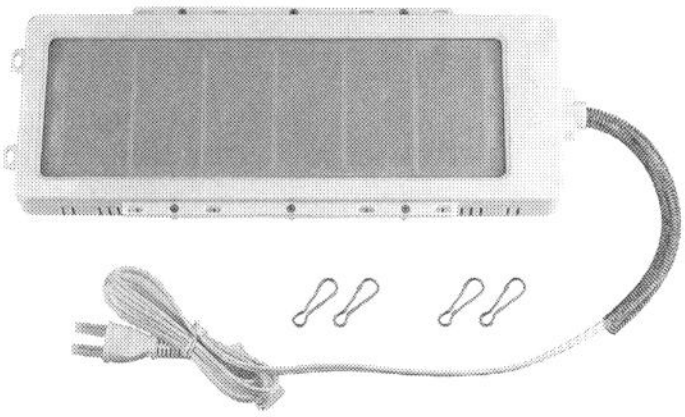

ウサギ用ヒーター

ケージの外側から取り付けるヒーター。ケージに吊り下げて設置するので場所を取りません。

うさふわハウス

蓄熱保温綿使用で温かさをキープできる、もふもふのかわいいハウス。中のマットは取り外し可能。さらに、ヒーター用のコード穴が空いていて便利。

くや窓の下などに、ケージをおかないようにしましょう。

寒さは下から来るので、直接床の上に置かず、板にキャスターをつけた上などにケージを置くのがベストです。また、まわりを段ボールで囲んだり、夜休むときはケージの上に毛布をかけてあげるのもいいでしょう。段ボールや毛布は、かめないように注意して。

室温は暖房器具を使って暖めてもいいのですが、ペットヒーターを使うだけでもずいぶん違います。

この場合もアルミプレートを置くときと同じように、部分的に温かくない場所も作っておいてあげましょう。また木製のハウスなどに牧草を入れて、温かいベッドを作ってあげるのもおすすめです。

お留守番やお引っ越しはちょっとナーバス。不安にならない工夫を

長期のお留守番はコンディションに応じて対応を

仕事やプライベートの用事で、飼い主さんが泊りがけで留守になる……。一泊二日程度の短期間なら、ウサギさんはおうちで留守番も可能です。急激に環境が変わるよりも、大好きな自分のおうちで留守番しているほうが、快適に過ごせるかもしれません。

留守番させるときは、フードと水をたっぷり用意して、ケージの置き場所が快適な温度&湿度になるようにしておきます。エアコンや除湿機などを上手に活用しましょう。特に夏、日中閉め切った家の中は、かなりの高温になります。一番暑い時間帯でも快適に過ごせるように、必ずエアコンで温度と湿度を調節してあげましょう。ちなみにウサギに理想的な温度は室温で15~26度、湿度は40~60%が目安です。

長期の留守番では、ウサギ専用ホテルを利用するのがおすすめです。事前に相性のいいウ

家族が増えたら
少しずつ慣らして
いって
"赤ちゃん"
新しい
家族
だよー
先住ウサギを新しい
ペットよりも優先しよう
ぴょんちゃん
ごはん
ですよー
ヤッター！
ボクは
あとなのか
ワン!?

サギ専用ホテルを探しておき、最初は短期間宿泊させて、様子を見ておけば安心です。

普段使っている用品の持ち込みが可能な場合もあるので、初めて預ける場合や、デリケートなウサギさんはこういったホテルを利用するといいでしょう。

引っ越しや家族構成の変化があるときは、要注意

環境の変化でウサギさんが問題行動をするようになったという悩みは、よく聞きます。ウサギは環境の変化に敏感です。引っ越したり、飼い主の結婚や出産で家族構成が変わったりしたときは、ウサギの様子をよく見て、しっかりケアしてあげましょう。

引っ越しなどで新しい家に住む場合は、なるべく前の家のときとウサギを取り巻く環境が変わらない場所にケージを置きましょう。不安そうだったら、飼い主さん

の顔がよく見える場所にケージを置いてみるなど、落ち着けるように配慮してあげましょう。

結婚や出産などで新しい家族が増えたら、少しずつ慣らしていきましょう。たとえ赤ちゃんといえども、ウサギさんはやきもちを焼きます。時間をかけて、新しい家族のほうが、ウサギさんより立場が上だということを教えていきましょう。

先住ウサギを優先してあげよう

ウサギと犬やネコなどのペットはなるべく一緒に飼わないほうがいいのですが、もし後から犬やネコなどを迎えるときは、ウサギさんの縄張りを守ってあげましょう。

生活する空間は別にして、お互いにストレスがたまらないようにしてあげることが大事です。小さなウサギからしてみれば、犬やネコはとても大きくて、怖い存在なのです。

また新しく来た犬やネコを飼い主さんがかわいがっていると、ウサギさんはやきもちを焼くこともあります。小鳥などのペットにさえ、嫉妬心を燃やすことがあるのです。ウサギさんは記憶力がいいので根に持ち、反抗的な態度になることも珍しくありません。とりあえずは先住のウサギさんに、フードをあげるのも、声をかけるのも優先してやってあげてください。時間がたてば、犬やネコが自分の仲間だと思ってくれます。そして新しい仲間に慣れてきたら、ウサギさんにも後から来たペットにも、公平に愛情を注いであげてください。

Part 4

牧草？　ペレット？　ホントにニンジン好き？

今日のごはん何？
味にはちょっとうるさいのだ

ウサギさんには「理想メニュー」があったのです！

「牧草メイン、ペレット適量、野菜は少量」が基本

「うちのコは牧草をあまり食べないんだけど、大丈夫？」

「ペレットだけあげていれば、栄養のバランスはとれるの？」

ウサギさんの食生活についての疑問や悩みを抱える飼い主さんは、とても多いようです。

ウサギの食事については、いろいろな情報があり、果たしてどんな食事内容がベストなのかがわからない……というのも、無理のないことでしょう。

そこでウサギさんの食事メニューは、野生での生態に基づいて考えてみましょう。野生のウサギは繊維質豊富な草などを主に食べていて、完全な草食です。そのため、ペットのウサギさんの食事も牧草をメインにして、これに栄養バランスのいい総合栄養食のペレット、新鮮なビタミンが含まれる野菜や野草などを少し、というメニューが理想に近い形なのです。

ウサギにおすすめの牧草

マメ科の牧草

アルファルファ
栄養価が高く、嗜好性が高いので、子ウサギやシニアのウサギにもおすすめ。

イネ科の牧草

チモシー1番刈り
繊維質が多く、カルシウムが少ないウサギの主食となる牧草。最初に刈り入れられるため、葉や茎が太く青々しく新鮮。

●牧草　健康を保つ、ウサギの主食

牧草は歯を前後左右にすり合わせて食べるので、不正咬合の原因となる、歯の伸びすぎ防止に役立ちます。また繊維質が多いので、消化を促し、うっ滞や毛球症予防の効果が期待できます。ストレス解消にも効果があります。

ペレットも原料は牧草ですが、小さくすりつぶされた状態になっています。牧草のように長い繊維をそのまま食べることで、胃腸の活動が活発になり、胃の中がきれいになります。そのため、牧草を食べさせたほうがいいのです。

牧草には大きく分けてマメ科とイネ科の2種類があります。マメ科のほうが比較的高タンパク、高カルシウム。成長期のウサギに向いています。6カ月を過ぎたウサギには、イネ科を主体にします。ただし同じイネ科のチモシーでも、1番刈り、2番刈り、3番刈りで、食感や栄養素は変わってきます。数字が大きくなるにつれ、茎や葉が細く、柔らかい口当たりになり、繊維質が少なくなり、カロリーは高めになります。

ウサギ用ペレットの種類

短毛種用のペレット

低カルシウムと繊維質が高いのが特徴。子ウサギから大人のウサギまで幅広い年代のコにおすすめ。アルファルファが主原料。

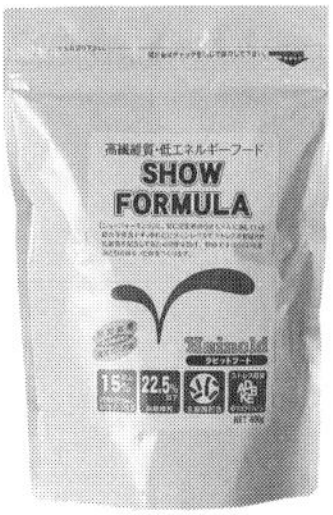

長毛種用のペレット

パパイヤ酵素が配合されているので、飲み込んだ毛を排泄する効果があります。アルファルファが主原料。

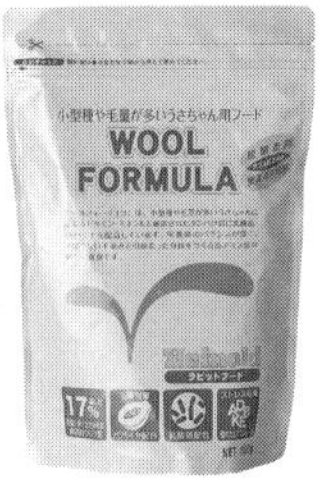

あげ方は牧草入れにたっぷり入れておいて、食べ放題にしてOK。新鮮なもののほうがウサギの食いつきがいいので、少量パックで買うことをおすすめします。

●ペレット　生後6カ月までは食べ放題に

ペレットはアルファルファ主原料とチモシー主原料の2種類があります。アルファルファ主原料は成長期や妊娠時、チモシー主原料は維持期や高齢期に適しています。ソフトタイプ、ハードタイプがあります。歯に問題がなければ、多少歯ごたえのあるハードタイプをあげましょう。ソフトタイプは嗜好性を高めるため、脂肪分が多め。肥満防止のためにもハードタイプがおすすめです。

生後6カ月くらいまでの子ウサギの時期は、ペレットは食べ放題にしましょう。体を作る大事な時期なので、この時期にペレットを制限してしまうと、十分に発育できません。

生後6カ月を過ぎたら、朝夕2回、時間と量を決めてフード入れに入れてあげます。一日のペレット量の目安は、生後6カ月の頃の体重の1・5〜3％といわれています。この量を朝1に対して夜2の比率で2回に分けてあげます。ウサギはもともと夜行性なので、夜多めに食べたほうが本来の生活に近いのです。

またメーカーによってさまざまですが、短毛種用、長毛種用、低カロリータイプ、シニア用などいろいろな製品が出ています。成分表示をよく見て選びましょう。ペレットはなるべく少量パックを買い、密閉容器に入れ、冷暗所で保管を。

シニア用のペレット

ランスロット等のハーブ、純植物プラセンタやアガロオリゴ糖、ハナビラタケなど、シニアウサギの健康維持に役立つ機能性食品を取り入れたペレット。

●野菜・野草　ごく少量あげればＯＫ

野菜は嗜好性が高いので、病気で食欲がなくてペレットや牧草は食べないコでも、野菜だけは食べることがあります。コマツナやチンゲンサイなどの緑黄色野菜は、栄養豊富で繊維質も多いのでおすすめ。またブロッコリーやセロリの茎などは繊維質豊富なので、牧草をあまり食べないコにあげるといいですよ。レタスやキャベツは水分が多いので、あげすぎに注意して。ジャガイモの芽と皮、生の豆、ネギなどは与えてはいけません。

野草はハコベ、クローバー、セイヨウタンポポ、ナズナなどが食べられ、体の調子を整える効果もあります。与えるときは、洗って水気をよく切ってからあげましょう。

野菜や野草は、ペレットや牧草の食欲を妨げないように、ごく少量あげればＯＫです。

牧草キライ？　ここでもなかよしコミュニケーションが問題解決！

おもちゃ感覚で親しませてあげるのも手

「牧草は体にいいから、ぜひうちのコにも食べさせたい！」と思っているのに、ウサギさんの食いつきが悪くて困っている飼い主さんはたくさんいるようです。

牧草はペレットに比べると嗜好性が低いので、小さい頃から慣らしておくことが大事です。鮮度が高いものをあげることも大切です。

またウサギは食に関しては、かなりの頑固者。一度いやとなると、なかなか食べてくれないことがあります。食べさせ方にも、ひと工夫が必要になってきます。

●ペレットの量を見直してみる

牧草を食べないコは、多くの場合、牧草以外のペレットやおやつなどを多く与えていて、フードが十分足りていて、おなかがすかないから食べないということが多いようです。ペレ

ウサギさんが牧草を食べないときは…
カットしたり砕いたり
すると、香りが強まる
上からあげると興味を
持つようになることも
クンクン
いいニオイ
何だろう？
おいしそう

ットの量を少なめにすれば牧草を食べるようになることも多いのです。

●カットしたり、砕いたりしてみる

はさみで短く切ったり、木槌で砕いたりして、香りを強め、食べやすくしてあげるのも効果的。牧草の長さや硬さも、ウサギさんによっていろいろな好みがあります。長さや形を変えたら、今まで見向きもしなかったのに、急に食べるようになることがあります。

●上からあげてみる

ウサギさんは飛び出しているものに興味しんしん。上から吊り下げる木製のおもちゃなどに牧草を入れてあげると、引っ張り出したり突いたりして、自然に興味を示すようになることがあります。

●新鮮な牧草を常に用意

時間がたつと、牧草のいい香りが飛んでしまいま

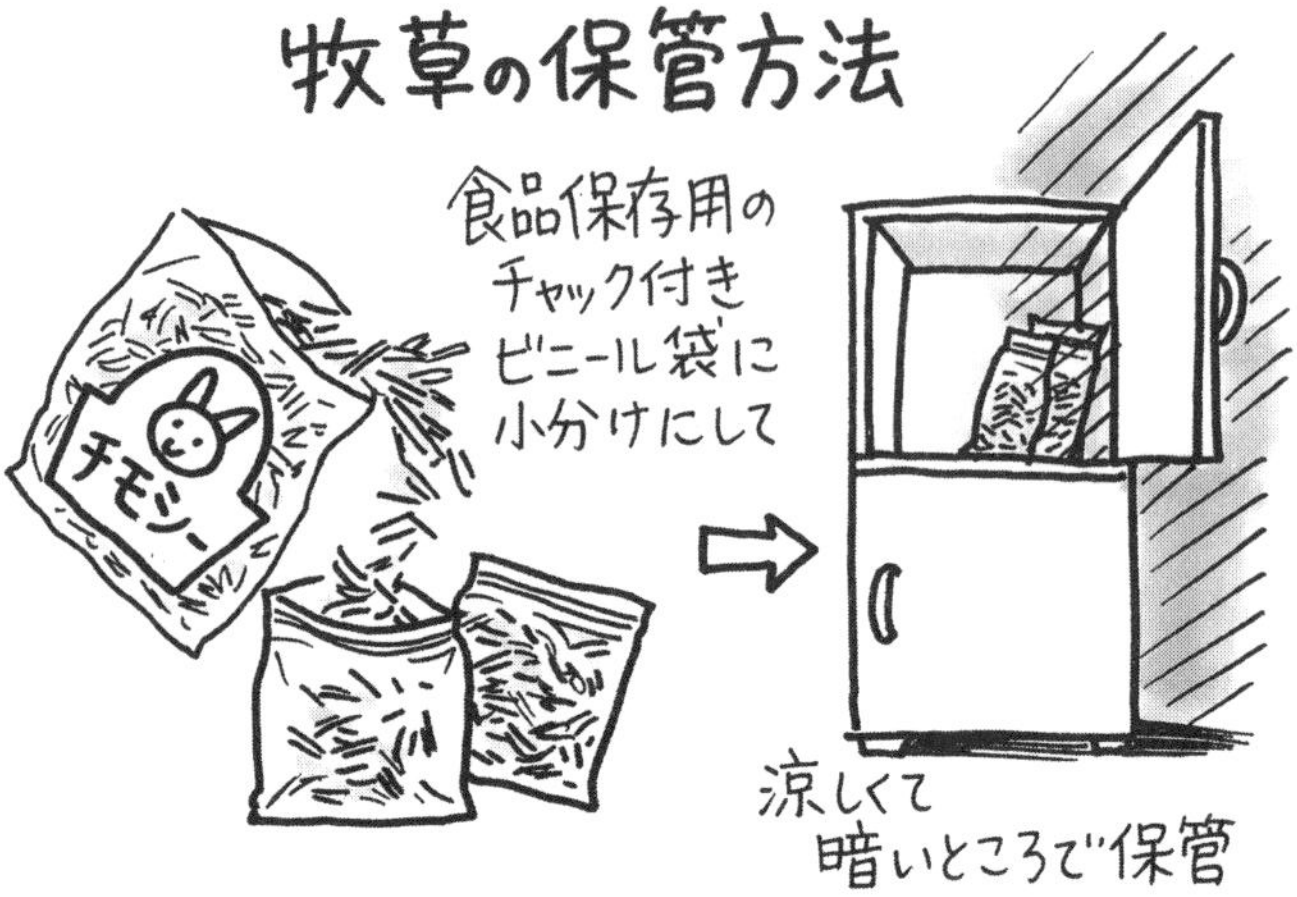
牧草の保管方法
食品保存用のチャック付きビニール袋に小分けにして
チモシー
涼しくて暗いところで保管

す。食べてくれるようになるまでは、もったいないようですが、新鮮な牧草をたっぷりいつも用意しておくようにしましょう。床に落ちた牧草は食べないと決めているコもいるようなので、落ちたものは片付けて。

●おもちゃ感覚で親しみを持たせる

どうしても興味を持たないコには、ひっかいたり、こわしたりして遊ぶおもちゃとして、牧草に慣れ親しんでもらいましょう。三つ編にしてロープのようにするなど工夫して、根気強く与えてみてくださいね。

パリッと新鮮な牧草をあげて

買ったばかりのときはパリッと新鮮だった牧草も、次第にしんなりして風味が落ちてしまうものです。牧草が劣化するのは、空気に触れて酸化することと、日光で変色してしまうのが主な原因。これを防ぐために、牧草は買ってすぐに食品保存用のチャック付きのビニ

ール袋に小分けにして乾燥剤を入れ、空気をなるべく抜いておきます。そして暗くて涼しいところに置いておくと、新鮮さが長持ちします。

しんなりしてしまった牧草は、電子レンジで水分を飛ばしてあげてもいいでしょう。香りもよくなります。ラップはかけずに、数10秒加熱してみて。10～20分くらい天日干しにしてもいいでしょう。あまり長く日光に当てると、香りが抜けやすくなります。

また好き嫌いでなく、歯の調子が悪くて牧草が食べられないというコもたまにいます。うまく口が動いているか、食べているときの様子をチェックしてみることも大事です。

飼い主さんの「牧草アレルギー」にも注意

「牧草アレルギー」で悩んでいる飼い主さんは結構多く、触っただけでじんましんが出てしまうという方もいます。牧草アレルギーとは、チモシー牧草による花粉アレルギーのこと。チモシーはイネ科の植物なので、イネ科の植物にアレルギー反応が出る人は、要注意です。ウサギを迎える前に、アレルギー検査をしておくと安心です。

牧草アレルギーの予防には、手袋とマスクをして牧草を扱うようにしましょう。粉が出にくいほうがいいので、アレルギーが心配なら縄状に編んであるものや、牧草ペレット、採れたてを短時間で乾燥させた国産牧草がおすすめです。

ペレットを食べないこまったちゃんには、おやつを制限してみましょう

ペレットは成分をチェックしてから購入

ウサギさんの専用フードのペレットは、牧草の次に大事な総合栄養食。１２６～１２７ページで紹介しているようにいろいろなタイプのものが出ているので、そのコにあったものを選んであげたいものです。

ペレットを選ぶときは、繊維質がなるべく多く、タンパク質と脂肪が適当な量含まれているものを選びましょう。繊維質はウサギのデリケートなおなかの調子を整えるのに欠かせない成分です。タンパク質や脂肪が多いと、肥満の原因になりがちです。

またカルシウムの取りすぎは尿石症（１６２～１６３ページ参照）の原因になるので、カルシウム量は控えめのものを選びましょう。もっとも、含まれている量が少なくても、多めにペレットを食べていたら摂取過多になってしまいます。適量をあげるように注意しましょう。

食べないときは、種類を変えてみるのも手

ウサギさんの中には、ペレットを食べたがらないコもいます。ペレットは栄養バランスがいいフードなので、毎日食べるようにしたいもの。特に成長期にペレットを十分食べないと、栄養不良になってしまい、成長に問題が出てくることもあります。

頑固者の一面を持つウサギさんは、気に入らないペレットだと徹底して食べないことがあります。飼い主さんが「このまま飢え死にしてしまうのでは?!」と心配するほど、ずっと食べないツワモノもいます。

どうしても食べないときは、違う種類のペレットをあげてみて。ウサギ専門店やペットショップで、店員さんに相談してみるといいでしょう。気に入った味のペレットと出会えば、モリモリ食べるようになることも多いのです。

ただし、ちょくちょくペレットを替えるのはおすすめしません。ウサギさんが「食べなければもっとおいしいごはんが出てくるかもしれない」と思い、変化を求めるようになってしまうからです。お気に入りのペレットが見つかったら、ずっとあげ続けても問題はないのです。また野菜や果物などの、おやつをあげすぎていないかもチェック。適度な運動をさせて、食欲がわくようにしてあげることも大切です。

おやつはコミュニケーションツール、上手にしつけもできちゃいます

体の小さなウサギには、適量のおやつを

果物やドライフードなどのおやつは、ウサギさんと飼い主さんのコミュニケーションを深めるのに欠かせないものです。またしつけのごほうびにも、おやつは効果的です。

でも口当たりのいいおやつは、ウサギさんの食いつきがいいので、ついついあげすぎてしまうことがあります。果物は繊維質が多く、ビタミンも豊富ですが、糖分が多くカロリーが高いので、あげ過ぎは厳禁です。

「うちのコはイチゴが大好きだから、一度に2〜3粒はあげてます」なんていう飼い主さんは、ウサギさんの体重を考えてみて。体重1・5kgくらいのウサギさんが1粒のイチゴを食べるということは、体重あたりの量で換算すると50kgくらいの人間が30粒以上ものイチゴを食べるのと同じことになってしまいます。

おすすめの市販のおやつ

●パパイヤ

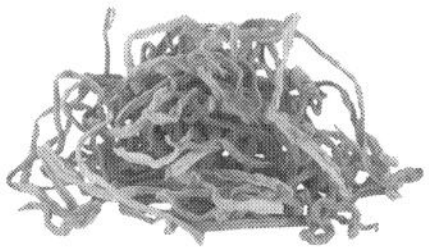

パパイヤを乾燥させた自然食品。毛球症の予防効果があるパパイヤ酵素が豊富に含まれています。

●りんごフレーク

乾燥したりんごを細かくカット。食物繊維が豊富。消化を助けるリンゴ酸、クエン酸も含まれています。

●たんぽぽ

農薬を使っていない乾燥野草。嗜好性が高いけれど、ヘルシーな成分なので安心してあげられます。

逆に小さい頃、牧草メインの食事にするためにおやつをあげなかったことで、大人になっても果物がきらいなコもいます。バナナやイチゴなどは、薬を飲ませなくてはいけないとき、混ぜてあげることができます。食べられるようになっていると、便利な一面もあるのです。

市販のおやつはしつけに利用価値大

ドライ野菜やフルーツ、クッキーなど、ウサギのおやつにはいろいろな種類があります。果物以上にカロリーが高いものもあるので、あげる量には十分気をつけて。ただし嗜好性の高い市販のおやつは、抱っこや爪切りなどが上手にできたときのごほうびに最適です。

あげるなら、毛球症予防に効果があるパパイヤ酵素が豊富に含まれる天然パパイヤのドライフードや、食物繊維が豊富なりんごフレークなどがおすすめ。たんぽぽやれんげ草などの野草のドライフードも、ヘルシーです。

年齢や体調の変化で、ベストメニューも変わってきます

成長に応じて、ペレットや牧草を見直して

ウサギさんの主食となる牧草とペレットは、成長や体の状態に合わせて、見直しの必要があります。例えばちょっと太り気味だなと思ったら、低カロリー、低脂肪のペレットに切り替えたり、年をとってきたら尿石症予防のためにカルシウムの少ないイネ科の牧草をメインにあげるようにしたりする。食生活を改善することで、ウサギさんがヘルシーに暮らせて、長生きできるようになることも多いのです。

ただしウサギさんは食べ物に対して、とても保守的。フードの切り替えに時間がかかることも。急激に切り替えようとせずに、1週間くらいかけながら、少しずつ新しいフードを前のものに混ぜて、比率を変えていきましょう。フンの状態や食欲などを見ながら、無理のないように替えていくのがポイントです。

特に問題なければ、同じフードをあげ続けてもかまわない

健康上の問題がなければ、それまで食べていたフードを無理に新しいものに切り替えなくても大丈夫です。ペレットには大人のウサギ用、シニア用などの種類がありますが、「○歳になったらすぐにこれに替えなければいけない」というものではありません。

大切なのは、あなたのウサギさんの健康状態。ペレットを替えることで食欲がなくなったり、おなかを壊すこともあります。替えることがストレスになるコの場合は、ペレットの種類を替えるのではなく、量を調節して健康管理をしてあげましょう。

では年代別に注意したい、食事メニューのポイントを知っておきましょう。

●成長期はペレット食べ放題でOK――生後6カ月まで

赤ちゃんウサギは生後3週間くらいで、乳離れを始めます。離乳期には柔らかめの牧草と、小さく砕いたペレットをあげるのが基本です。その後だんだん牧草やペレットをたくさん食べるようになり、生後8週間で完全に離乳します。

離乳後、成長著しい6カ月くらいまでは、大人の約2倍のカロリーが必要といわれています。ペレットも牧草も食べたいだけ与えてOKです。

ペレットはアルファルファを主原料にした成長期用のものがおすすめです。牧草はカロリーが高くタンパク質豊富なマメ科のアルファルファとイネ科のチモシー1番刈りを混ぜて、食べ放題にします。「早い時期から牧草メインで」と考えている飼い主さんもいるようですが、この時期に牧草しか与えないと栄養失調で成長不足になることも。

栄養が足りているかどうかは、体重を計ってチェックして。ウサギ用の体重計を1台用意しておくと便利です。順調に体重が増えていれば、大丈夫です。もし体重が減ってしまったり、成長が止まってしまっていたら、要注意です。

生後3カ月くらいまでにペレットや牧草はもちろん、野菜・野草、果物など、いろいろな種類のものをあげるようにしましょう。食べられるものを増やしておくと、ウサギさんが体調を崩して食欲がなくなってしまったときでも、何かしら食べられるので安心です。

●成長が緩やかになったら、牧草を増やして――生後6カ月～1歳（成長期）

個体差もありますが、だいたい生後6カ月で成長が緩やかになります。子ウサギの頃と同じように食べさせていると肥満してしまうので、少しずつペレットを減らしていきます。

体重の1・5～3％の量が目安です。急に減らさず、1週間くらいかけて徐々に減らしていきましょう。牧草も低タンパク、低カロリーのチモシーを少しずつ増やしていきます。

●大人になってきたら、牧草中心の食生活に――1～5歳まで（維持期）

1歳～1歳半くらいでウサギさんは、大人の体になります。牧草はイネ科のチモシーだけ

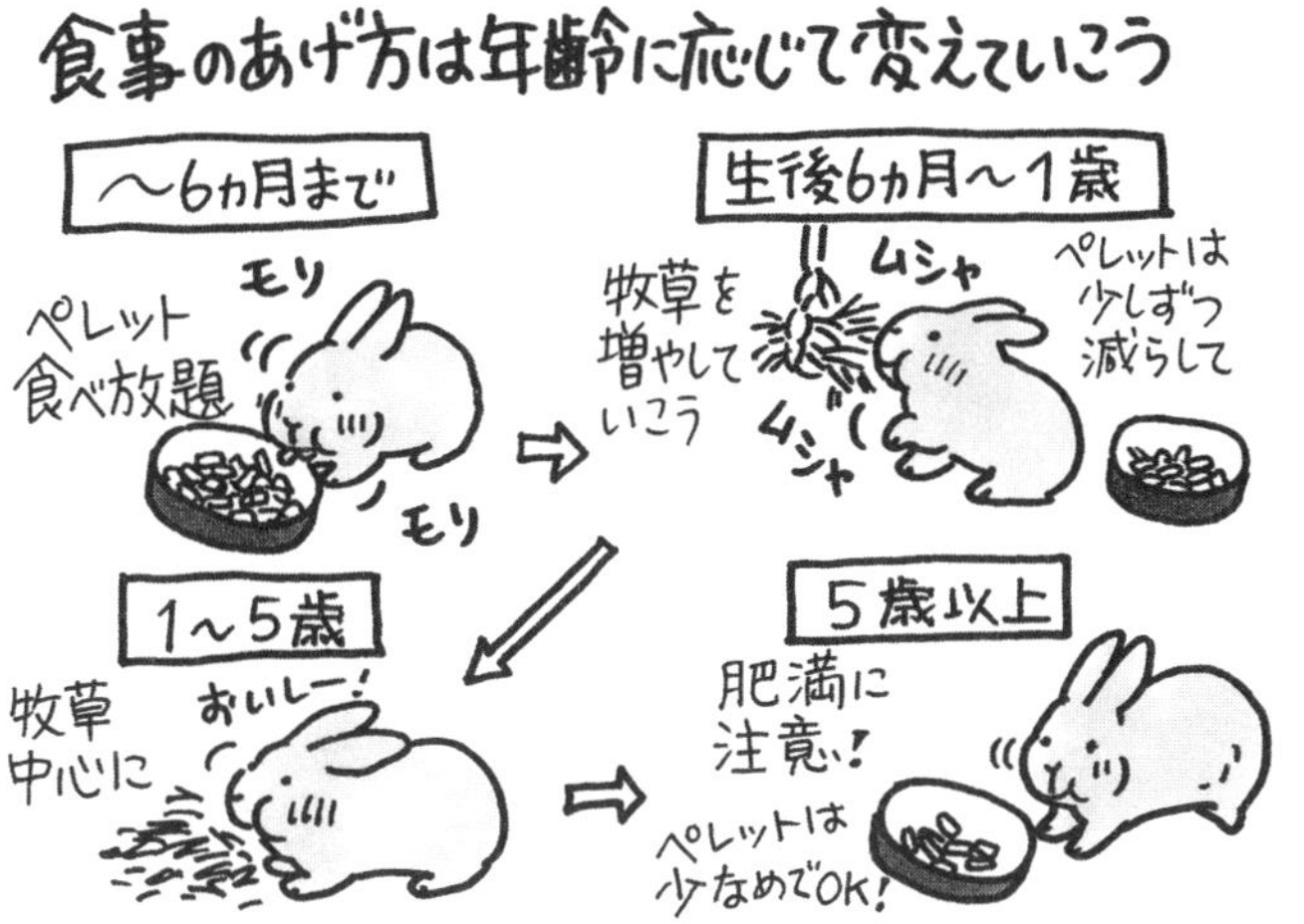
食事のあげ方は年齢に応じて変えていこう
〜6カ月まで
ペレット食べ放題
モリ
モリ
生後6カ月〜1歳
牧草を増やしていこう
ムシャ
ムシャ
ペレットは少しずつ減らして
1〜5歳
牧草中心に
おいしー！
5歳以上
肥満に注意！
ペレットは少なめでOK！

にしていきましょう。個体差はありますが、ペレットの量も体重の3％をめやすにして調整しましょう。

4歳を過ぎると中年期にさしかかるので、カルシウムの量に注意が必要です。カルシウム過多だと尿石症になることがあります。また牧草を食べないからといって、ペレットを多めにあげていると太りやすくなります。肥満傾向があったら、低カロリーのシニア用のフードに切り替えてもいいでしょう。

●肥満しないように注意——5歳以上（高齢期）

5歳頃には高齢期にさしかかります。尿石症の持病も増えてきます。尿石症のウサギさんには、カルシウムの少ないシニア用のペレットを。牧草は引き続きイネ科のものをあげましょう。新陳代謝が悪くなるうえ、運動量も減ってくるので、肥満にはくれぐれも注意。ペレットの量を控えめにするなどの工夫をしましょう。

食事マナーが悪いコは、飼い主さんのあげ方にも改善点が

フード入れをひっくり返すコには固定式の食器を

「もっとペレットちょうだい！」「こんなごはんじゃ、気に入らないぞー！」

ウサギさんは飼い主さんの気を引くために、フード入れをひっくり返したり、放り投げたりします。

でもこれらは人の気を引くための行動なので、一度応じておかわりをあげたりするとクセになることも。おかわりの要求には応じないで、無視するのが一番です。

また遊びとして繰り返してしまうこともあります。こんなときは、食器をひっくり返せない固定式のものにしてみましょう。

フード入れの位置が食べづらい位置にあって、ウサギさんが気に入らなくてひっくり返している場合もあります。食べている様子を見て、食べやすい場所にフード入れが置いてある

固定式の食器にすれば
引っくり返せなくなる
アレレ
動かないよ！

か、見直すことも大事です。

食べ散らかすときはあげ方を工夫

ウサギには、時間を決めてフードをあげたほうが正しい食習慣がつくようになります。基本的に朝夕の2回に分けて、あげるようにします。

特にフードを食べ散らかすクセがある場合は、あげ方を工夫してみましょう。ペレットをあげる時間は決めておき、残ったフードは処分し、新しいフードを入れます。フード入れの位置を調節してみるのもいいでしょう。牧草はいつでも食べられるようにしておいてあげたほうがいいのですが、食べ散らかすようなら、牧草入れを金網やストッパーのついた散らかりにくいものに変えましょう。また散らかして床に落ちたペレットや牧草は不衛生なので、すぐに処分します。

ウサさん向きサプリメントも、上手に利用して

病気の予防や健康維持に役立つ

ウサギさんの体はデリケート。おなかの調子を悪くしたり、病気などで栄養バランスが崩れたときは、サプリメントを与えて体調を整えてあげるといいでしょう。

サプリメントは薬ではないので、すぐに効果があらわれるわけではありません。でも続けて摂取することで、だんだん体の免疫力が上がってきたり、おなかがじょうぶになってきたりします。

こんな例があります。抗生物質も効かない、スナッフル（１５６ページ）のウサギさんがいました。でもプロポリスを飲み続けているうちに、そのコは驚くほど元気になり、鼻水もすっかり止まりました。過信は禁物ですが、病気の予防や健康維持にサプリメントを上手に取り入れてみるのもいいでしょう。

パイナップル酵素サプリメント

パイナップル酵素とアップルファイバーが含まれ、おなかの調子を整えるのに効果的。

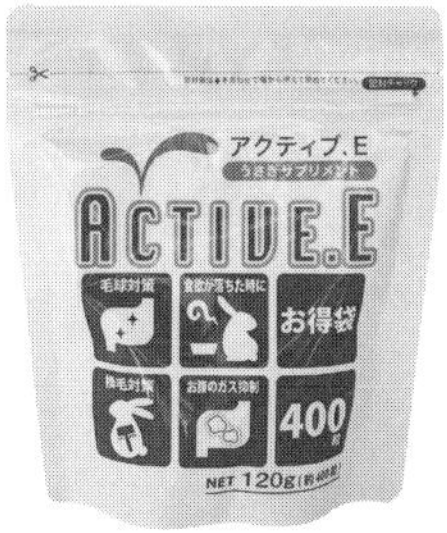

乳酸菌サプリメント

乳酸菌、ビフィズス菌などが含まれ、腸の調子を整えてくれます。カリカリした食感で、おやつとしても手軽にあげられます。

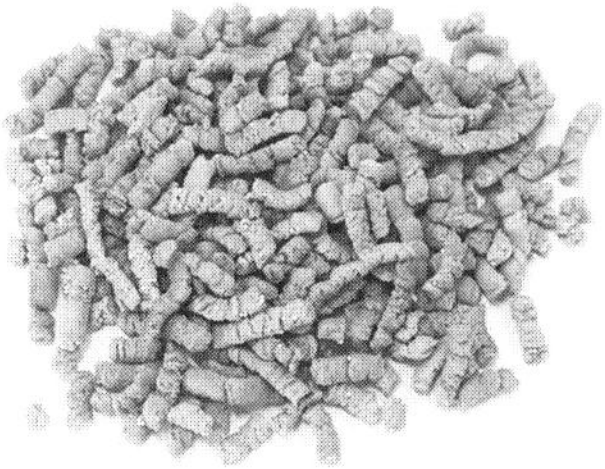

ウサギ向けの主なサプリメントは次の5種類です。

●**乳酸菌**　腸の調子を整えるのに効果大。軽い下痢によく効きます。穀物などに練りこんだものやタブレットになったものなどがあります。

●**パパイヤ酵素・パイナップル酵素**　毛球症予防に効果大。タブレット状のものや、パウダー状のものがあります。長毛種のコは特に毛球症になりやすいので、定期的にあげるといいでしょう。

●**納豆菌**　おなかの調子を整える善玉菌。乳酸菌やビフィズス菌の働きを助け、毛と毛をつなぐでんぷん質も分解してくれます。

●**プロポリス**　抗菌・抗ウイルス作用に優れ、免疫力を強化してくれます。活性酸素を除去する作用もあるため、抗ガン・老化防止にも効果があります。

●**アガリクス**　アガリクス茸から採ったβ―Dグルカンなどの有効成分が、免疫力&体力アップに効果的。

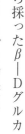

プロポリス

免疫力を高めたいときや、日頃の健康管理に役立ちます。液体なのでスポイトで直接口に入れるか、フードに混ぜて与えます。

液体マルチビタミン

飲み水に混ぜて与えるビタミン剤。季節の変わり目などからのストレス緩和、換毛期や成長期、シニア期の栄養補給に。

納豆菌サプリメント

液体タイプの納豆菌が、乳酸菌やビフィズス菌の働きを助けてくれます。毛球症予防にも効果大。

このほか、病後、出産前後、ストレスがたまったときや体調不良、食欲不振のときに効果的なビタミン剤などもあります。また年をとったウサギさんの健康維持に、コエンザイムQ10は効果があるといわれます。うまく使いこなしましょう。

適量を守って、過剰摂取に注意して

人間でもそうですが、サプリメントは過剰摂取しがちです。適量を守ってあげるようにして。ただし適量ならば、複数のサプリメントを同時に摂取しても問題ありません。基本的には必要な栄養素は食事でしっかりとって、足りない要素をサプリメントで補うと考えましょう。サプリメントは、ウサギ専門店などで入手できます。購入する前にどんなサプリメントを、どれくらいの量与えるのが効果的かは、獣医さんやウサギ専門店などで相談してください。

Part 5

ずっと元気&長生きのための健康管理

定期健診も大切！
病気のサインを見逃さないで

長生きウサギへの第一歩は、飼育環境の見直しからです

「快適な住環境、適切な食事」が元気ウサギの源

ウサギさんの寿命は6～8歳くらいですが、最近では10歳を超える長寿ウサギも増えてきています。その最大の原因は「正しい飼育方法が普及してきた」ことでしょう。

昔は「ウサギは屋外のウサギ小屋で飼うもの」と思われていましたし、フードに関しても「ニンジンが好物?」くらいの知識しかない人も多かったようです。

今ではペットのウサギは室内でのケージ飼いが主流になり、フードに関しても必要な栄養のバランスを考えて作られたペレットなどが開発され、ウサギさんを取り巻く環境はとても快適なものになっています。またブラッシングや爪切りなどの体の手入れの仕方も、しっかりマスターしてキチンとウサギさんにしてあげている飼い主さんが増えています。

ウサギを診ることのできる専門性の高い獣医さんが増えてきたことも、大きいでしょう。

医療の質が向上して、さまざまな病気の診療方法が確立されてきました。

でも飼育環境や医療が整ってきても、個々のウサギさんのウィークポイントはあるもの。同じ飼い方をしていても、皮膚が敏感なコは皮膚炎になりやすいですし、長毛種のコは胃腸のうっ滞（毛球症）になりやすい、といった個体差が出てきます。大切なのは、もっとも身近にいる飼い主さんが、ウサギさんの健康状態を毎日しっかり見てあげることです。

病気のサインが見えたら、飼育環境を見直して

あなたのウサギさんを長生きさせてあげたいと思うなら、体調の変化を見逃さずに、病気のサインをすぐに見つけてあげましょう。まずは毎日健康チェックをしっかりと。元気なときの姿や動き方などを覚えておいて、少しでも異変があったら獣医さんに相談しましょう。

また飼育環境や食事の内容を定期的に見直して、ウサギが健康的に過ごせる工夫をしてあげることも大切です。ケージのレイアウトやペレットや牧草などの毎日のごはんを見直すことで、病気の進行を遅らせたり、治療に役立てたりすることができます。

もちろん自己診断ではなく、獣医さんに診てもらって、的確なアドバイスをもらいましょう。病気は早期発見が治療のポイント。早めに適切な処置を病院でしてもらい、さらに家でもていねいなケアをしてあげれば治りが早くなります。

いつものブラッシングと繊維質のお食事で、「おなかのトラブル」を防ぐ

ウサギは、自分の毛を飲み込んでも吐き出せない

ウサギは自分で毛づくろいをしますが、このとき自分の毛を飲み込んでしまうことがあります。通常はフンと一緒に排出されますが、消化機能が低下していたりすると、胃に毛がたまって毛球が形成され、腸に詰まることがあります。これを「毛球症《もうきゅうしょう》」といいます。

この毛球症を引き起こす原因となるのが、消化器官の動きが悪くなる「胃腸うっ滞」です。胃や腸にガスがたまり、おなかがふくらむことがある病気です。

毛球がたまってくると食欲がなくなり、下痢をしたりフンの量が少なくなったりします。そのうち水しか飲めなくなって、やせてしまい、徐々に衰弱していきます。病院では消化器の活動を促す薬を飲ませます。重症な場合は手術が必要なことも。

毛球症を防ぐには、こまめなブラッシングが大切。特に換毛期は念入りに。長毛種は毛球ができやすいので、気をつけてあげてください。

繊維質の多い牧草を食事のメインに

牧草などの繊維質の多い食事は、胃腸のはたらきをよくして、うっ滞を予防するのに効果的です。また適度な運動も、消化を促進するので欠かせません。ストレスから胃腸のうっ滞を起こすこともあるので、環境が急に変化したときなども注意が必要です。

消化器官の動きをよくするには、繊維質の多い野菜（コマツナなど）や野草（タンポポ、オオバコなど）を食べさせたり、新鮮なパイナップルやパパイヤのジュースを飲ませてあげるのも効果的。ただしジュースは糖分が多いので、あげ過ぎに注意。5～10mlくらいを一日に3回与えるのが目安です。パパイヤやパイナップル酵素もおすすめです。胃腸にたまった毛の排出を促すペーストなども、用意しておくと安心です。

●毛球症対策におすすめのサプリメント

パパイヤパウダー

青パパイヤを皮ごと乾燥させた粉状タイプ。天然パパイヤより酵素が多く、毛球症予防効果が高くなっています。

毛球予防サプリメント

おなかに入った抜け毛の排出をサポート。ビタミンE・必須脂肪酸など天然ビタミンを豊富に含む小麦胚芽油をベースに、青パパイヤ、植物性繊維を配合。

ケージの床材が悪いと、「足の裏の皮膚炎」になっちゃうので注意

ウサギさんの足裏はデリケート

ウサギの足の裏には、犬やネコなどのように床からの衝撃を吸収するパッド（肉球）がありません。かかとをしっかりつけて移動するため、床からの衝撃を受けやすくなっています。また足の裏の毛は体と違い、少し硬めのフェルト状の毛が密生しています。そのため「ソアホック（sore hock）」と呼ばれる足の裏の皮膚炎を起こしやすいのです。

ソアホックは最初は小さな脱毛と皮膚の赤みが見られる程度ですが、気づかないで放っておくと傷口から細菌に感染し、皮膚炎を起こし、ただれてきてしまいます。さらに乾いたかさぶたのような潰瘍から、膿がたまった膿瘍へと進行し、痛みのために落ち着かなくなったり、足を引きずって歩くようになります。もっとひどくなると、食欲が低下し、体重も減ってきます。重症になると細菌が血の流れでさまざまな臓器に運ばれ、死に至ることもあります。

足にやさしい床材を選んであげて

遺伝的な要素もありますが、肥満していたり、体重が重いコはかかりやすいといわれています。爪の伸びすぎでかかとに体重がかかるのも原因なので、チェックしましょう。

まずは予防のために、床材を衝撃を吸収しやすい金網かプラスチックのスノコに変えましょう。牧草や布製のマットなど足裏にやさしい床材を使うのが効果的です。

床が湿っていたり不潔なのもよくないので、牧草を敷き詰めるのは避けましょう。スノコは2～3枚用意して、常に清潔な状態にしておきましょう。ケージが狭すぎると、同じ場所にずっといるため足裏に負担がかかり、ソアホックになる危険が高くなります。また肥満もソアホックを引き起こす原因となるので、体重管理をしっかりしてあげましょう。

脱毛した足の裏の乾燥を防止するために、プロポリス軟膏などを塗るのもいいでしょう。抗菌作用もあるので、小さな傷があっても、雑菌の侵入を防いでくれます。有用微生物配合のグルーミングスプレーを、足裏やスノコにスプレーするのもいい方法です。

プロポリス入りの軟膏

抗菌作用に優れたプロポリスの軟膏。皮膚病の予防に効果的。敏感な部分に使ってもOK。

やわらかいフードばかりだと、「不正咬合」になる危険大

ウサギの歯は、生涯伸び続けている

ウサギの永久歯は切歯（前歯）と臼歯（奥歯）からなり、全部で28本生えています。これらの歯は〝常生歯《じょうせいし》〟と呼ばれ常に伸び続けます。1年間放置しておくと、なんと10㎝以上伸びるといわれています。普通は上下の歯がうまくかみ合って摩擦し合うため、適切な長さが保たれています。

でも何らかの理由で歯のかみ合わせが悪く、正常な歯の摩擦ができないと、歯が異常な方向へ伸びて「不正咬合」を起こします。

不正咬合になりやすいウサギは、生まれつき下あごが小さかったり、歯の質が悪いなどの遺伝的な要素も持っています。飼う前に不正咬合でないかを確認してから、おうちに迎えるようにしましょう。またロップイヤー種など丸顔のウサギの発生率が高めです。

干し草を
メインに！
健康！
モグ
モグ

口の中の様子を日頃から
よく観察
親指と
人差し指で
イーッと
開ける

しかしケージをかむクセがあったり、やわらかいフードばかり食べていると、後天的に不正咬合になりやすくなります。

不正咬合になると、食欲はあるのに硬いフードをうまく食べられないため、やわらかいものばかり食べるようになる、歯ぎしりをする、よだれが多くなるなどの症状が見られます。さらに進行すると食べられなくなり、衰弱してきます。

牧草など硬いフードを欠かさないで

不正咬合を防ぐには、歯を使って食べるフードをあげることが大事です。ただかむのではなく、すりつぶすという動きをしないと、上下の臼歯は互いに削れません。すりつぶす動きをさせるには、牧草がベスト。牧草を食べる時は臼歯を左右にこすり合わせるので、しっかり歯が摩擦できます。繊維質の多い野菜もおすすめです。

不正咬合の症状が見られたら病院へ連れて行き、定期的に伸びすぎた歯を削り、正常な長さや角度に調整してもらいましょう。

「皮膚炎」にかからないように、湿気対策には気をつけて

毛皮で覆われているから、皮膚の病気にかかりやすい

全身を毛皮で覆われているウサギさんは、細菌や寄生虫、ホルモンの異常などで、皮膚炎を起こすことがよくあります。また涙で目の周りが湿ったり、オシッコがついて下半身がぬれたままになる、シャンプーをして生乾きのままだったりすることも原因に。湿った状態の皮膚に細菌が繁殖して皮膚炎を起こします。これを「湿性《しっせい》皮膚炎」といいます。

湿性皮膚炎は、あごの下やのど、肉垂《にくすい》（のどの下の肉のたるみ）、背中のしわ、生殖器などの湿りやすい場所に発症します。最初は脱毛したり、赤くなったりして、さらに細菌が繁殖すると皮膚からじくじくした分泌物が出て、湿りがちになり、かさぶたができることも。病院では皮膚炎になった部位を洗浄、消毒、乾燥させて、抗生物質などを塗ります。症状はすぐに治まりますが、飼育環境を変えないと再発しやすいので要注意です。

ケージは風通しのいい場所に置き、掃除もまめに

皮膚炎を予防するには、清潔な飼育環境が何より大切です。ケージは風通しのいい場所に置き、掃除をまめにしてあげて。湿度はなるべく60％以下になるように、除湿機などを使って調節しましょう。快適な住環境を作るために、湿度計は必需品です。

トイレの中やケージにこぼれたオシッコやフンはすぐに片付け、体が汚れないように注意しましょう。水入れはボトルタイプにして、体に水がつかないようにします。ただしボトルの水もれで、体がぬれてしまうこともあります。もれていないか、しっかりチェックを。

またブラッシングを欠かさずにして、抜け毛を取り除き、蒸れないようにしてあげることも大事です。グルーミングスプレーを使えば、雑菌から皮膚を守る効果もあるので、皮膚炎予防に役立ちます。免疫力を高めるキトサンのスプレーも、皮膚の炎症を鎮める作用があるので、１本用意しておくと安心です。

もしもウサギさんの体がぬれてしまったときは、すぐに乾かしてあげて。乾いたタオルで拭いた後、ドライヤーで完全に乾燥させましょう。

また肉垂やおなかに皮膚炎ができやすいコは、肥満が原因の場合が多いようです。ダイエットを心がけましょう。

くしゃみや鼻水の風邪症状は放っておくと重症化する危険あり

「ただの風邪」と軽く考えないで

「鼻水が出て、くしゃみもしているけれど、風邪でもひいたのかな?」

風邪のひき始めのような症状が見られたら「スナッフル」に感染しているかもしれません。スナッフルは、パスツレラ菌、黄色ブドウ球菌などの細菌感染によって起こります。室内で飼われることが増えたため、スナッフルにかかるウサギは以前より減っていますが、要注意です。

最初は鼻水とくしゃみくらいしか、目立った症状がありません。でも病状が進行していくと、だんだん粘り気のある濃い鼻汁が出たりします。さらに呼吸をするたびにズーズー、グシュグシュなどの異常な音を出すようになります。鼻水が出るので前足で鼻をこすって、鼻のまわりや前足の内側が汚れることもあります。

放っておくと重症化し、肺炎や肋膜炎《ろくまくえん》を起こしたり、各臓器に感染が広がったり、食欲不

振や神経性の病気などを起こすことも。病院では抗生剤などを投与して、治療します。一度かかってしまうと完治するのが難しい病気なので、予防が第一です。

子ウサギは鼻水が出ていないコを選んで

スナッフルは伝染力の強い病気なので、多頭飼いしている場合、ほかのウサギさんにうつらないように、すぐにケージごと別の部屋に隔離しましょう。ごく小さいウサギさんでも感染していることがあるので、新しく子ウサギを手に入れるときは、鼻水が出ているコは避けるようにしましょう。すでにスナッフルにかかっている可能性があるからです。

スナッフルを予防するには、清潔な住環境が欠かせません。特にアンモニア濃度の濃い室内での飼育はよくないといわれているので、トイレの掃除はまめにしましょう。また免疫力を上げるプロポリスのサプリメントなどは、スナッフルの予防や治療に効果的です。

暑い日のお留守番、「熱中症」にだけは注意してね

風通しが悪く、熱気がこもりやすい場所は危険地帯

ウサギは高温多湿な環境が苦手です。ある程度までは耳から体温を放散してしのぎますが、長時間温度の高いところにいると、熱中症になる危険があります。

風通しの悪い蒸し暑い部屋に置き去りにして外出したりするのは、絶対やめましょう。夏の暑い日のお留守番や、車でのお出かけでは特に注意しましょう。

熱中症になると体温が上昇して、呼吸が荒くなり、ぐったりしてきます。よだれを垂らしたり、血尿が出たりすることもあります。放っておくと命に関わるので、素早い対処が必要です。

このような症状が見られたら、すぐに涼しい場所に移動して、冷たいタオルなど体を包むようにして冷やし、体温を下げてあげて。ビニール袋に氷を入れたものや、保冷剤をタオルで巻いたものなどを使ってもいいでしょう。それから、すぐに動物病院へ連れていきましょ

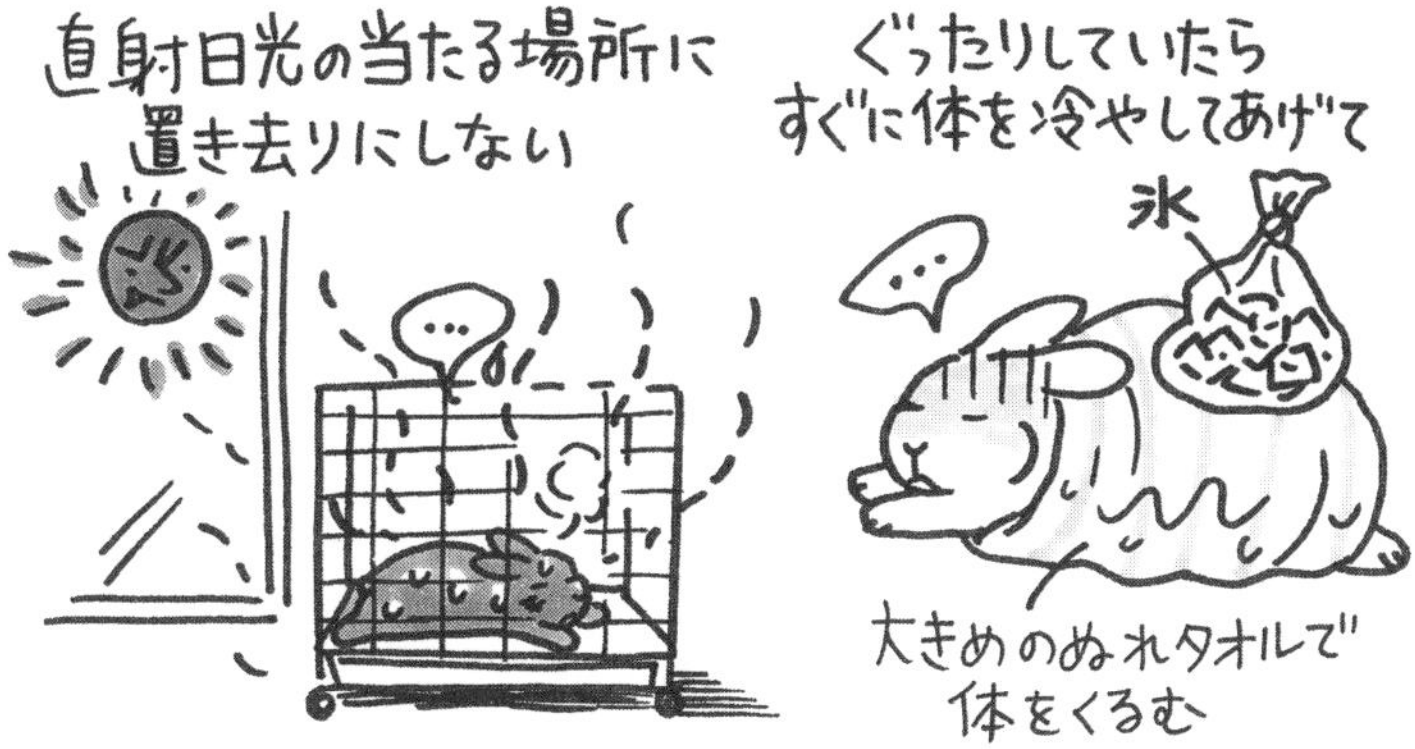
直射日光の当たる場所に
置き去りにしない
…
ぐったりしていたら
すぐに体を冷やしてあげて
氷
…
大きめのぬれタオルで
体をくるむ

う。熱中症を予防するには、エアコンで温度と湿度を調節し、なるべく風通しがいい環境を作ってあげることがポイント。室温は15～26度くらい、湿度は40～60％がウサギさんにはベストです。

直射日光にも注意して

「ウサギさんに日光浴をさせたほうがいいですか？」と聞かれることがあります。ずっと家の中にいるウサギさんは、ときどき日光浴させてもいいのですが、日差しの強い時間帯は避けたほうがいいでしょう。

日光浴させるときは必ず日陰を作り、飼い主さんがしっかり見守ってあげて。アスファルトやコンクリートの上だと、実際の気温よりも体感温度が高くなりますし、照り返しが厳しいので気をつけましょう。

室内でも長時間、直射日光の当たる窓側などにケージを置いておくと、熱中症や日射病になる危険があります。

運動のしすぎは、「骨折・脱臼」を引き起こしてしまいます

ウサギの骨はとても軽くて華奢

野生の世界では捕食される立場のウサギさんは、外敵からすぐに逃げられるように体の構造にさまざまな特徴があります。そのひとつに、骨がとても軽くて華奢なことがあげられます。そのため、骨折や脱臼など、骨のトラブルを起こしやすくなっています。

不安定な場所で抱っこをしたり、無理矢理抱き上げようとして落っことしたりすると、骨折してしまいます。抱っこをするときは、正しい手順で行いましょう（抱っこのしかたは34~39ページ参照）。また抱っこをしたまま、立って移動するのはやめましょう。

床にいるウサギさんに気づかないで、うっかり飼い主さんが踏んでしまい、骨折したという例もあります。ケージから出して遊ばせるときは十分安全確認を。

体のお手入れのときも要注意です。いやがっているウサギを無理に押さえつけようとする

抱っこをするときは必ず安定した姿勢で
アンシン…
硬いフローリングでのジャンプのさせ過ぎに注意！
たのしーっ!!
ダメ！

と、腰の骨を骨折させてしまうことがあります。悪くすると脊髄損傷を伴い、下半身麻痺になってしまうケースも少なくありません。

不適切な環境も骨折の原因に

スノコやじゅうたんに爪を引っかけ、それを取ろうと暴れたことで、後ろ肢を骨折や脱臼してしまうことも。後ろ肢を引きずっていたり、床に着けないで歩いていたら、骨を痛めているかもしれません。

またジャンプが大好きなウサギさんが思いっきり跳ぶ姿がかわいいからと、硬いフローリングの床で何度もジャンプをさせていたら、骨折してしまったという例もあります。

骨折や脱臼を防ぐには、バランスのとれた食事をあげて、カルシウム不足にならないようにしてあげることも大切です。適度な日光浴をさせると、カルシウムの代謝がよくなり、じょうぶな骨格が作れます。

カルシウム過多で結石ができる?!
大人になったら食事には要注意

オシッコの状態を日頃からチェックして

腎臓《じんぞう》や膀胱《ぼうこう》、尿管などのオシッコの経路に結石ができる「尿石症」は、ウサギさんがかかりやすい病気のひとつです。結石は炭酸カルシウムなどのカルシウムを成分とするものが多いようです。

原因は不明な点も多いのですが、カルシウムの取りすぎや、水分不足、細菌感染などが考えられます。また体が成熟する前に去勢をしたことによって、尿道の形成不全が起こり、これが原因になることもあるようです。

尿路（腎臓、尿管、膀胱、尿道）に結石ができると、オシッコが出にくくなる、血尿、食欲不振などの症状が見られます。重症の場合、痛みが激しくなり、体を丸くしてうずくまることも。日頃からオシッコの色や回数を見て、血尿が出る、変なにおいがする、回数が多くなっ

大人になったら牧草は
イネ科のチモシーをメインに
ムシャ
ムシャ

水分不足にならないよう
注意！
いつも
たっぷり！
ゴク ゴク

た、出が悪いなどの異常があったら獣医さんに相談を。結石が小さい場合は内科治療で治りますが、大きい場合は手術が必要です。

大人になったら牧草はチモシーをメインに

牧草やペレットは種類によって、成分が微妙に違っています。マメ科のアルファルファなどの牧草はカルシウムが多いので、大人になったらカルシウムが少なめのイネ科のチモシーをメインにあげるようにしましょう。チモシーの中でも1番刈りが最も含まれるカルシウムが少ないので、おすすめです。

ペレットもシニア用フードはカルシウムが抑え目になっているので、成長期を過ぎたら切り替えを考えてもいいかもしれません。

水分不足も尿石症の原因になるので、いつも清潔な水をたっぷり飲めるように用意してあげて。ボトル式の場合、飲み口の高さが合わなくて、飲みにくいことがあります。ちゃんと飲めているかをチェックしましょう。なお水をあまり飲まないコには、水分の多い野菜をあげてもいいでしょう。

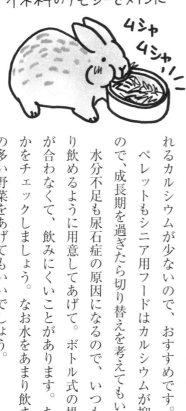

シニアエイジになったら、お世話方法をちょっと変えましょう

動きが鈍くなったり、毛づやがなくなったら老化のサイン

かわいいウサギさんも、5歳頃から少しずつ老化してきます。ウサギの5歳は人間でいうと、48歳くらい。体力が低下してきて、新陳代謝も悪くなり、運動量も減ってくるので、太りやすくなります。人間も個人差はあるものの、50歳くらいで体力の低下を実感する人が出てきますよね。

病気にかかりやすくなったり、体に腫瘍ができたりするコも増えてきます。敏捷性や瞬発力が落ちてくるので、動きが鈍くなり、被毛もパサついて、光沢がなくなってきます。小さい頃のやんちゃぶりは影を潜め、ケージの中でじっとしている日も増えてきます。

でも、数年間を一緒に過ごしてきた飼い主さんとの信頼関係は、若い頃より数段深まっていて、きっとあなたにとってかけがえのない存在になっていることでしょう。

「一日でも、元気で長生きしてほしい」と願うなら、環境を見直して、心穏やかにウサギさんが過ごせるようにしてあげてくださいね。

4～5歳くらいになったら、定期健診を受けさせよう

シニアエイジの入り口にあたる4～5歳になったら、年2回を目安に健康診断を受けさせるようにしましょう。飼い主さんが毎日してあげる体のチェックでも異変は発見できますが、より専門的に獣医さんに診察してもらうことで、病気のサインを見逃さずにすみます。早期発見すれば、それだけ病気の治りも早くなります。また病院に行くことに慣れておくことで、いざ治療が必要になったとき、ウサギさんが怖い思いをしなくてすみます。

落ち着いた変化の少ない環境で、穏やかに過ごすのがベスト

人間でもそうですが、年をとってきてから環境が変わることは、心身の健康に影響を及ぼします。ケージの置き場所を変えたり、新しいペットを迎えることは大きなストレスになります。慣れ親しんだ静かな環境で、ゆっくりウサギさんが過ごせるようにしてあげましょう。じっとしていることが多いので、床材も快適なものを選んで。牧草でできたマットなどを入れてあげると、体をゆっくり休めることができます。

足腰が弱ったり、体のバランスがとりにくくなるコもいるので、部屋の中で遊ばせるときは、床の段差などに気をつけ、転んだりしないように注意して。ケージの外へ出て遊ぶことも、ウサギさんがあまりしたくなさそうだったら、無理にさせる必要はありません。

季節の変わり目の急激な温度変化や、夏の暑さ、冬の寒さは、老いてきたウサギさんにはこたえるものです。若いとき以上に、温度や湿度の管理をしっかりしてあげましょう。

また年をとってくると、ウサギさんは毛づくろいをあまりしなくなります。血行が滞りがちになるので、ブラッシング（92〜95ページ参照）やマッサージ（100〜101ページ参照）をしてあげるといいでしょう。トイレでオシッコをしなくなったり、おしりが汚れてしまうコもいますが、決して叱ったりしないで。清潔に過ごせるようにケージの底にペットシーツを敷いたり、汚れたおしりを洗ってあげるなどの対処を。

運動量が減ってきたら、ペレットの量を調整して

運動量が減り、新陳代謝も落ちてくるシニアエイジのウサギさんは、肥満しやすくなります。肥満が進むと運動がしにくくなり、関節に負担がかかってきます。毛づくろいがしにくくなったり、皮膚にしわができて汚れがたまりやすくなり、皮膚炎が起こりやすくなります。足の裏にも負担がかかり、ソアホック（150ページ）になることも。その他、心臓病、脂肪肝、

●シニアにおすすめのサプリメント

シニア用錠剤型サプリメント

うさぎの
シニアQ10乳酸菌

おなかのための乳酸菌に、若さを保つ大麦若葉とコエンザイムQ10を加えたシニア用サプリメント。

プラセンタ配合サプリメント

うさぎのチカラ

免疫活性力を高める効果のある植物プラセンタ、ハナビラタケ、アガロオリゴ糖を配合。自然の治癒力をアップ。

年老いたウサギのケアのポイント
ポカポカ
気温の変化に注意

キモチいー
スリ
スリ
ブラッシングやマッサージで血行をよく！

糖尿病などさまざまな病気にかかりやすくなります。長生きウサギを目指すなら、体重管理をしっかりすることが欠かせません。少し太ってきたなと思ったら、ペレットの量を減らしたり、シニア用フードに切り替えを。でも新しいフードを嫌がるようなら、無理に替える必要はありません。

食欲が落ちてくるコもいます。ペレットを小さく砕いてあげると、食べやすくなります。牧草も小さく切ったり、砕いてあげると食が進むかもしれません。食欲が回復しなければ、好物の野菜や野草を少し多めにあげてみて。

体の抵抗力も落ちてくるので、サプリメントを取り入れるのもおすすめです。

また、不正咬合が発生しやすくなるので、食べる量が減ったり、口をモゴモゴさせていたら診察を受けましょう。

「ちょっとヘンだな」と思ったら、頼れる主治医さんのところへ！

ウサギに理解ある「ホームドクター」を探しておくと安心

ウサギは犬やネコに次いでポピュラーなペットになってきましたが、ウサギさんに詳しい獣医さんはまだそれほど多くはありません。いざというときのために、信頼できる主治医を探しておきましょう。ウサギ専門店やペットショップに紹介してもらうか、インターネットなどで調べて、なるべく家から近い場所にある病院を見つけましょう。

小さい頃から同じ獣医さんにかかっていれば、病気に関してだけでなく、年齢に応じて必要なケアや飼育の悩みについてもアドバイスしてもらえます。健康診断で定期的に病院へ行っていれば、臆病なウサギさんでも「病院嫌い」にならずにすみます。5歳くらいまでは年1回、5歳以上のシニアウサギさんは年2回を目安に健診を受けておくと安心です。

そして、もしウサギさんの体調に変化があったら、まずは行きなれたかかりつけの獣医さ

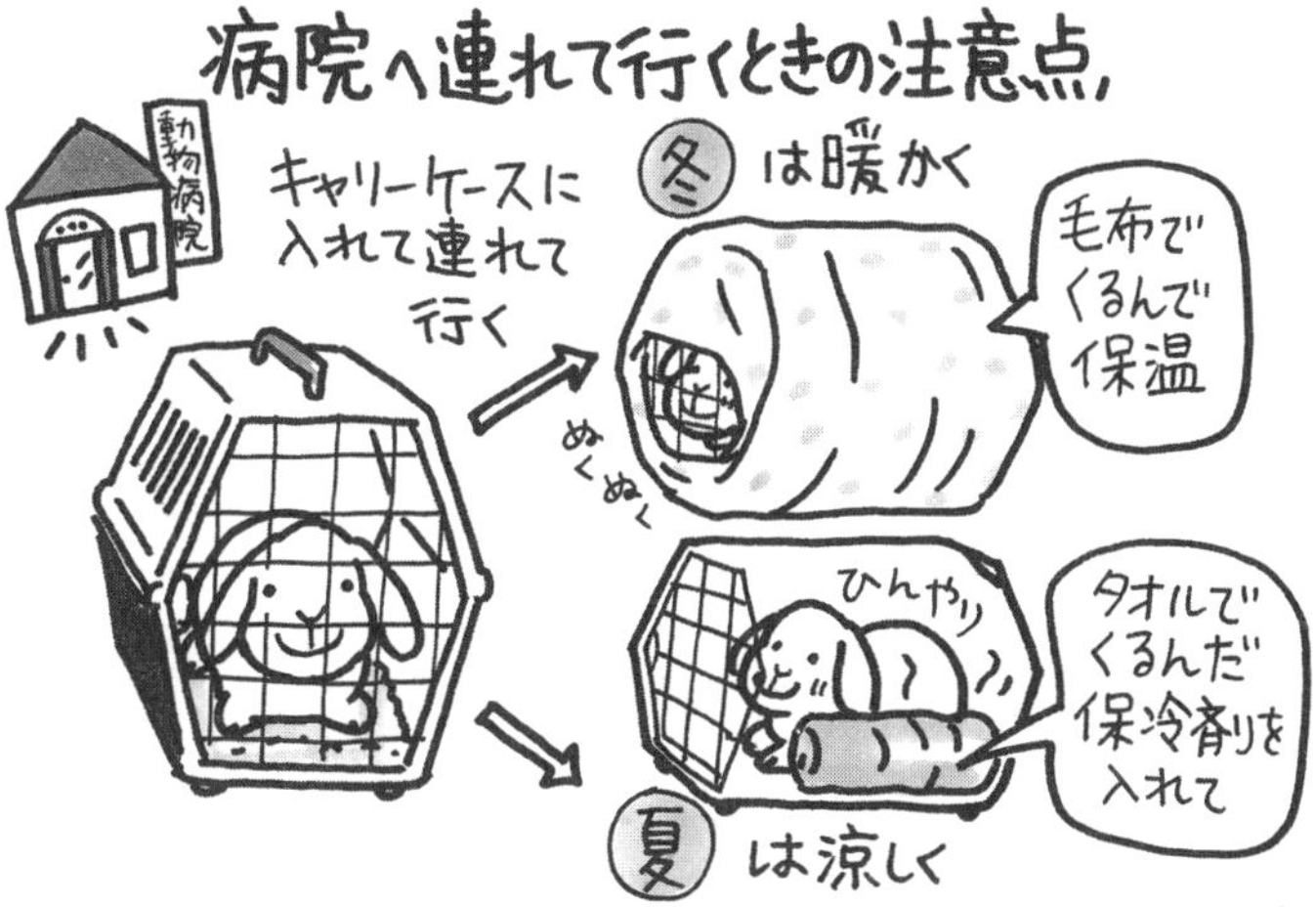
病院へ連れて行くときの注意点
動物病院
キャリーケースに入れて連れて行く
冬は暖かく
毛布でくるんで保温
ぬくぬく
ひんやり
タオルでくるんだ保冷剤りを入れて
夏は涼しく

んで診察を。あらかじめ電話で症状を説明しておけば、診療もスムーズになります。

病院へ行くときは、温度管理に注意

病院へ行くときは、移動用のキャリーケースに入れて連れて行きましょう。普段からキャリーに入ることにならしておきましょう。

体調が悪いときは、普段以上に温度管理に気を配ってあげて。体が弱って、体温が下がっているウサギさんが多いので、冬はキャリーケースを毛布などでくるんで暖かくして運んであげるといいでしょう。

夏は蒸し暑いとますます体調が悪くなることがあるので、保冷剤をタオルにくるんで入れてあげて。

また行き帰りは最短ルートで、ウサギさんが慣れている移動手段を使いましょう。車に乗り慣れているコなら、車で移動すれば負担が少なくなります。

おうちでの看病は、静かな静かなコミュニケーションです

獣医さんの指示に従って、手厚いケアを

病院で診察や治療を受けたら、その後はおうちでの看病が大切。飼い主さんの心のこもったケアがあれば、ウサギさんの回復も早くなるはず。治るまでの間、ウサギさんがゆっくり落ち着ける環境を整えて、やさしく看病してあげましょう。

ケージの置き場所はいつもの慣れている場所が一番ですが、より静かに過ごせる場所があれば、そこに移動してもいいでしょう。そして温度や湿度が快適になるように、気をつけてあげます。高齢のウサギやかなり弱っているウサギの場合は、ペットヒーターでケージの中を温めるといいでしょう。

下痢でおしりのまわりが汚れてしまったら、温かいお湯でぬらしたタオルでキレイに拭いてよく乾かしてあげて。汚れたままにしておくと、かぶれてしまうことがあります。

薬の飲ませ方のコツ

抱っこで
嫌がるときは
顔を片手で隠す
口の横から
シリンジを入れる

薬の飲ませ方は小さい頃から練習を

薬のあげ方は何通りかありますが、シロップ状の薬ならシリンジ（針のない注射器）やスポイトを使います。普段からジュースなどを入れて、シリンジで液体を飲む練習をしておくといいでしょう。抱っこで体を安定させて、前歯のわきにシリンジを入れるのがコツです。

固形の薬や粉末の薬は、ウサギさんが好きな果物などにはさんだり混ぜたりしてあげるといいでしょう。

またウサギさんは、常に消化器官を動かしていなければなりません。食が進まなくても少しずつでもいいので口からジュースや流動食を入れてあげましょう。野草や野菜などをあげると、食欲が増すこともあります。水分が多い野菜や野草だと水分補給も同時にできます。小さく刻んで、食べやすくしてあげましょう。ペレットも細かく砕いてあげると食べやすくなります。水をちゃんと飲んでいるかもチェックしてください。

飼い主さんの体も大事だから、介護は無理をしないで

飼い主さんが一人で抱え込まないで

長生きウサギさんの中には、慢性疾患を抱えていて、長期にわたる介護が必要なコも少なくありません。献身的に介護をしている飼い主さんもたくさんいて、本当に頭が下がる思いですが、飼い主さんが無理をしすぎると、介護生活がつらいものになってしまいます。

もちろんウサギさんのことを一番わかっているのは、長年連れ添ってきた飼い主さんにほかなりませんが、困ったときはプロの知恵を借りることも必要だと思います。獣医さんでもかまいませんし、ウサギの専門店も協力してくれるかもしれません。

さらに今では、ウサギの飼い主さんたちのＳＮＳでのつながりなども充実しているので、こまったことがあったらひとりで抱え込まず、いろいろな人に相談して、納得のいく介護をしてあげてください。そしてときには、飼い主さんがゆっくり休憩することも大事です。

治療方針は、獣医さんとよく話し合って

病気で手術が必要になったときなどは、獣医さんとよく話し合って、治療方法を理解したうえで、どうするかを決めるようにしましょう。特に高齢のウサギさんの場合、手術で全身麻酔が必要なときなどは、体に大きな負担がかかることも。

「前向きに手術を受けさせて、闘病生活を続けていくか」

「今の状態をキープして、心穏やかに暮らせるようにしてあげるか」など、飼い主さんの心は揺れ動くこともあるかと思います。そんなシビアな判断を後悔なくするためにも、日頃から何でも相談できる獣医さんを探しておくことはとても大切だと思います。

楽しく過ごした日々は、かけがえのない宝物

愛するウサギとはいつまでも一緒にいたいものですが、彼らの寿命は6～8年です。悲しいけれど、いつか見送ってあげる日がきます。ウサギさんとの別れは身を切るようにつらいものですが、泣きたいときは泣き、気持ちを理解してくれる人に話を聞いてもらうなどして、少しずつでも悲しみを乗り越えていきましょう。ウサギさんと一緒に生活をして、楽しく過ごした日々は、何物にもかえがたいあなたの宝物なのですから。

●監修者紹介

町田《まちだ》 修《おさむ》

1997年から始まったうさぎ専門店「うさぎのしっぽ」代表。日本のトップブリーダーであると共に、ウサギの飼育環境の探求開発に力を注ぎ、飼い主さんとウサギのための快適なライフスタイルを提案している。2001年より横浜ベイラビットクラブ会長として、ラビットショーを開催。ARBA会員。

https://www.rabbittail.com

●編者紹介

ウサギぞっこん倶楽部

文字通りウサギにぞっこんのスペシャリスト集団。ウサギと人が楽しく暮らすためのノウハウを日々追求している。本書では、日本を代表するうさぎ専門店代表の町田氏に、食事や健康管理、気になる「思春期」のしつけまで、最新情報を徹底取材。ウサギ飼育ビギナーからベテラン飼い主さんまで必ず役立つ、ウサギ本の決定版である。

●撮影・取材協力

うさぎのしっぽ　横浜店

神奈川県横浜市磯子区西町9-2　電話045-762-1232

うさぎのしっぽ　洗足店

東京都大田区北千束1-2-2　電話03-5726-8670

●写真

蔵並秀明（うさぎのしっぽ）

中村宣一

●監修補助

山田美智子（うさぎのしっぽ）

玉城和則（うさぎのしっぽ）

※本書は2005年『ウサギの気持ちが100%わかる本〜もっとなかよし編』として小社より刊行されたものを再編集したものです。

ウサギの気持《きも》ちが100%わかる本《ほん》

2023年2月28日　第1刷

監　　修　町《まち》田《だ》　修《おさむ》

編　　者　ウサギぞっこん倶楽部《くらぶ》

発 行 者　小澤源太郎

責任編集　株式会社 プライム涌光

電話　編集部　03(3203)2850

発行所　株式会社 青春出版社

東京都新宿区若松町12番1号〒162-0056

振替番号　00190-7-98602

電話　営業部　03(3207)1916

印　刷　大日本印刷　　製　本　大口製本

万一、落丁、乱丁がありました節は、お取りかえいたします。

ISBN978-4-413-11394-6 C0076